U0232594

蚂蚱有故事

杨祸迅 著

湖北科学技术出版社

图书在版编目（CIP）数据

蚂蚱有故事/杨福迅著 . —— 武汉：湖北科学技术
出版社，2019.4
　　（新昆虫记）
　　ISBN 978-7-5706-0567-5

　　Ⅰ . ①蚂… Ⅱ . ①杨… Ⅲ . ①蝗科 – 普及读物
Ⅳ . ① Q969.26-49

中国版本图书馆 CIP 数据核字 (2018) 第 299610 号

蚂蚱有故事　MAZHA YOU GUSHI

责 任 编 辑　刘辉　高然
装 帧 设 计　朱赢椿　胡博
督　　　　印　刘春尧
责 任 校 对　陈横宇

出 版 发 行　湖北科学技术出版社
地　　　　址　武汉市雄楚大街 268 号
　　　　　　　（湖北出版文化城 B 座 13-14 层）
邮　　　　编　430070
电　　　　话　027-87679464
网　　　　址　http：//www.hbsp.com.cn
印　　　　刷　武汉市金港彩印有限公司
邮　　　　编　430023
开　　　　本　710×1000　1/16　11.5 印张
版　　　　次　2019 年 4 月第 1 版
　　　　　　　2019 年 4 月第 1 次印刷
字　　　　数　197 千字
定　　　　价　49.80 元

　　昆虫是我儿时的亲密伙伴，它们曾给我的童年带来过无穷的乐趣和无边的想象。我相信，很多孩童的日子，都是在这自然界精灵的陪伴下度过的。当这些孩子长大成人之后，昆虫这个世界会化为一个虚幻的梦，一段埋藏在他们心灵深处的记忆。

　　法国作家法布尔的《昆虫记》出版后风靡全球，点燃了无数人心中童年的梦。《昆虫记》熔作者毕生的研究成果和人生感悟于一炉，将昆虫世界化作供人类获取知识、趣味、美感和思想的美文，被誉为"昆虫世界的《荷马史诗》"。

　　昆虫界是大自然的一个重要有机组成部分，那是一个奇妙而神秘的世界。许多昆虫的个体虽小，但它们的群体展现出巨大的能量，无时无刻不在对自然界以及人类社会产生重大的影响。昆虫的种类众多，占整个动物界的 2/3，庞大的数量使得其行为的多样性和创造性几乎无穷无尽。人类社会随时随地都要和昆虫打交道，我们每个人一生中可能要和 20 万只昆虫产生关系。听到这里，你可能要吓一跳，但事实确实如此。人类、昆虫、自然这三者的关系是极为复杂的，要学会和谐相处，首先要了解我们身边的昆虫。

　　湖北科学技术出版社出版的"新昆虫记"丛书既是对法布尔《昆虫记》的致敬，又是一次大胆的开拓和创新，大自然中常见的蝴蝶、蜻蜓、萤火虫、蟋蟀、蚂蚁、蚂蚱等昆虫构成了每本书的主体。丛书在几个方面都有突破和创新：首先，它立足于特定的昆虫类群，结合了现代化的观察手段和最新的研究成果；其次，它的写作形式新颖、多样，有散文、游记、科幻故事、童话，以人性观照虫性，以虫性反映社会人生；最后，它的文字清新自然、语调轻松幽默，内容与青少年的心理契合程度高，极具原创性、新颖性、趣味性，人文特色明显，不仅仅传播科学知识，更加注重科学思想、科学方法和科学精神的培养。

　　丛书汇集了国内昆虫界的一批年轻学者和昆虫达人，他们有思想、有朝气、有情怀，也是科普创作中的生力军和后起之秀。这套作品通过细致入微的观察和妙趣横生的故事，将昆虫鲜为人知的生活和习性生动地描写出来，字里行间无不渗透着作者对昆虫的热爱之情，很多昆虫的种类和照片都是第一次向公众展示。作品将昆虫的多彩生活与作者自己的人生感悟融为一体，既表达了作者对生命和自然的热爱和尊重，又传播了科学知识。

更让读者惊喜的是，此次出版社围绕纸质出版内容，搜集了精美的图片和相关的视频，并且为每种昆虫准备了真实生动的 AR（增强现实技术）场景，使读者通过扫描二维码或微信公众号就可以获得相关的资源，旨在把"新昆虫记"丛书做成一个融媒体的立体化项目。这是一个有远见的、大手笔的尝试。

希望通过"新昆虫记"这套丛书，吸引更多的人来认识昆虫、了解昆虫，并借此帮助人们认识神奇的大自然；让科学的光芒照亮青少年，让文学的雨露滋润青少年，让人与自然的和谐以及环保的意识融入青少年的血液；让我们这些年轻学者和达人一起，与自然界众多的平凡子民——昆虫，共同谱写的生命乐章，激发青少年到大自然中去探索知识，认识自然，从而尊重、热爱大自然，保护环境，保护人类的地球家园。

张润志

全国昆虫学首席科学传播专家

中国昆虫学会科普工作委员会主任

中国科学院动物研究所研究员

2018 年 11 月 19 日

蚂蚱没了，故乡病了

今年麦收过后，我回了一趟故乡。忽然发现，路边草丛里干干净净的，一脚下去，看不到从前一哄而起的蚂蚱。

乡亲们早已见怪不怪：都是飞机洒药打美国白蛾打的，似乎没有察觉出什么异常。蚂蚱，学名蝗虫。在我童年的记忆中，蚂蚱应是种类最多、数量最大的动物群体。进入仲夏，气温升高，雨水渐勤，草木繁盛，鸟儿育雏，蚂蚱大军也进入了成长的暴发季。只要有草的地方随便用脚一扫，便会蹦起、飞出几十只各种蚂蚱。

最粗壮的蚂蚱在我们老家叫蹬倒山，全身碧绿，长短粗细和大拇指差不多。或许是因为蚂蚱中老大的缘故，它不屑于在低矮的草丛中与其他蝗虫为伍，形单影只地趴在河堤、沟崖的棉槐、野柳等灌木枝上，与绿色的叶子浑然一体。很少见它主动飞，你去捉的时候，它用前爪紧紧抱住枝条不放，同时用粗壮并带有锯齿状的后腿拼命蹬你，劲头很大，须捏住它的脊梁，用力摇晃几下，才能拿下来。牙大而锋利，不小心让它咬上，指腹顿时鲜血淋漓。所以孩子们见了它尽管激动得心跳加速，手却在哆嗦，胆小的只好叫身边割草的大人来帮忙："娘，这里有一个蹬倒山。"

最长的蚂蚱有一拃，叫梢末夹，喜欢在庄稼地里生活，却是人们的最爱。那时男孩子的宠物就是笼中的麻雀，几乎人手一只。梢末夹嫩的时候肉很软，撕成一小块一小块，还没等近前，黄嘴小雀便摇晃着还没长毛的大头，张开大口来吞。秋天，梢末夹的肚子变黄的时候，孩子们早已入学，墙上的鸟笼也空了，大人们捉住梢末夹就随手夹在菁笠边上，回家做饭时放在锅底下烧烧，给放学的孩子吃。缩小版的梢末夹叫呱哒板子，身材细长，外翅是绿色的，里翅是粉红色的，是最喜欢飞翔的蚂蚱，也是最漂亮的蚂蚱，更是飞起来唯一有响声的蚂蚱。夏日的中午，太阳正毒，庄稼、草木都无精打采，大地上空热浪滚滚，旷野一片寂静。突然，远处传来"哒哒哒"清脆的响声，一条粉红色的弧线从碧绿的田野上划过，不用问，那是不甘寂寞的呱哒板子又在秀肌肉。有时，你会看到一只呱哒板子爬在梢末夹的身上，大人说，呱哒板子和梢末夹是一对，呱哒板子是公的，梢末夹是母的。在老家如果一个瘦男人娶了个胖老婆，大家就会开玩笑说："呱哒板子背着个梢末夹。"

最常见的无疑是油蚂蚱，数量多，繁殖也快，地里、沟边、河崖到处都有。我们平时用的蝗虫标准照就是油蚂蚱，成灾的蝗虫群遮天盖地，主力也是油蚂蚱。油蚂蚱又分好多种：外表有纯绿色的，有黄色的，有褐色的。因为肚子油光光的，捏一下很快会变黑，弄得手上很脏，所以有这名字，并不太讨人喜欢。

还有一种长有粉红内翅的蚂蚱叫姑娘，身材短粗，喜欢在河堤的梧楼棵上待着，比较懒，不爱活动，老气横秋的，并不像名字那么青春靓丽。最没用的是土蚂蚱，个头不大，顾名思义，它的颜色像地上的土，也喜欢在地面上爬行，肉很硬，鸟都不屑吃。

在儿时的记忆中，故乡的河里、沟里全是长流水。河崖、沟边野草浓密，蚂蚱也主要在草丛里活动，极少成灾。后来，天渐渐干了，草渐渐稀了，蚂蚱渐渐少了。随着人们饮食欲望的膨胀，蚂蚱也由大厨精心烹饪，端上了高档宾馆的餐桌。于是，有人嗅到了其中的商机，用大棚养起了蚂蚱。这时候人们才发现，蚂蚱并不是想象的那么泼实，可以说非常脆弱，对环境要求很高。我的一个朋友养了两棚蚂蚱，因为有人在100多米外的地里打除草剂，死成一片。

一种家族众多、数量庞大、靠吃草为生的昆虫，不经意间就被人灭绝了，细思极恐。

自2014年起，山东半岛连续3年大旱，高密的水源地——王吴水库早已见底，年纪最大的老人也是第一次看到昔日波光粼粼的水库竟然变成了"风吹草低见牛羊"的草原。相邻的峡山水库是山东最大的水库，往年夏天都是以防汛为要务，今年政府在库底打井找水。调来的黄河水连饮用也无法满足，乡镇、城区，只能分片停水。

水是生命的源泉，庄稼曾经是农民的命根子。从前用铁锨随便掘几下就能见水的土地，现在的地头上排着一个个机井，从100米深到150米，从200米到300米……我不知道，地球的皮肤还能忍受多少个洞，多深的疼。农民也不再依靠庄稼生存，他们种植的不过是千百年来的一种习惯。

故乡病了。

记事时起，肥沃的黑土地里长满了高粱、玉米、小麦、谷子、大豆、地瓜等各种作物，还间播有黍子、芝麻、绿豆、红豆、小豆等杂粮，临沟靠水的地方则是家家户户种的蔬菜：豇豆、黄瓜、扁豆、茄子、芹菜、韭菜、马牙蒜、大葱、萝卜、芫荽等，如果畦子背上还长着几棵辣椒、黄烟，不用问，家里肯定有吃辣、抽烟的男人。远远望去，大地生机勃勃，庄稼、蔬菜高低错落，自然和谐。现在全是小麦、玉米两季轮作，整齐得如同刻意训练出的阅兵方阵，蔬菜全部被圈进了大棚，不知季节地生长着。为了省事，农民早已放弃了土杂肥，向地里倾倒的全是化肥。板结的土壤只长庄稼，连草都很少了。即使有几棵草，也不再用锄铲除、松土，而是用除草剂一喷了之。人们对脚下的土地只有无限的索取、压榨，没有养护、回报，我似乎听到了大地筋疲力尽的喘息。更有黑心企业，将生产污水加压打到几百米深的地下，留下了永远无法治愈的毒瘤。人类文明思想的雨露很难渗进这片坚硬的土地，而缺少监督和制约的人们在肆意挥霍着仅有的资源。

沟渠、河道，没有了水的滋润，变得坑洼不平，形如一条条长长的皱纹和伤疤，触目惊心地裸露在失去血液的大地上，在烈日的烘烤下气息奄奄。完整的河流被一座座拦水坝堵为数截，像一个得了肠梗阻的病人在痛苦地挣扎。偶尔，有的坝前还存有一汪清水，在粉饰太平地荡漾着，坝后却是杂草横生，垃圾遍地。

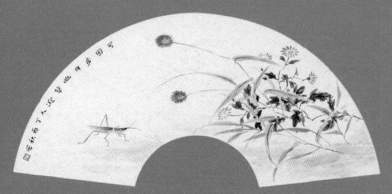

可园步月（单秋芳作）

　　童年时，在透明的空气中，我站在村前的围子墙上，能望见几里外的行人和几百里外的高山。现在，围子墙早无踪影，我已无处可站，眼前迷茫一片，不知是空气变混沌了还是眼睛变近视了，更不清楚所谓高瞻远瞩的人能看多远。

　　走在故乡的水泥大街上，感觉暮气沉沉，听不到孩子们的嬉闹声，看不见年轻人忙碌的身影，偶尔能看到几个老人坐在五百多岁的大槐树下乘凉，望着空荡的村庄，他们的目光呆滞而空洞。路好走了，人们背井离乡走得更远了。年轻人都已进城打工，为了能在城里买得起房子、养得起孩子，他们心里只有挣钱、挣钱、挣钱……生活中没有了诗，更看不到远方。

　　蚂蚱没了，故乡病了。任何生命的存在都不是无意义的，都是和周围的环境相伴相生的。有的生命消失了，有的生命不见了，下一个轮到的将会是谁？只顾眼前、急功近利的人们，今天着急挖的是自己明天的坑吗？

杨福迅

2017年7月19日于山东高密

目　录

谨以此书敬献给我的母亲，我的故乡。

所有的生命，都不是无缘无故存在的，都有自己的智慧、感情和温度，都值得我们人类尊重。

——题记

蚂　蚱　有　故　事

第　一　章

开　篇　的　故　事

▲ 我是一只蚂蚱

　　我是一只蚂蚱，一只在宇宙的时空中穿越了3亿多年的蚂蚱。

　　我是一只蚂蚱，一只落脚在山东省高密市阚家镇新民官庄的蚂蚱。

　　我是一只蚂蚱，一只有感情、有思想的蚂蚱。但在你的眼里，我和大象、蚂蚁没什么两样，只是一只动物，一个会动的物体而已，没有意识，没有感情，更别谈什么思想了。其实，我看你也是一样的，仅是一种会动、会吃的动物而已。你把我归于动物界，根据我的腿脚特点把我归于节肢动物门，昆虫纲，蝗科。你说我是害虫，是因为吃了你的庄稼。《诗经》中记载"降此蟊贼，稼穑卒痒"（出自《大雅·桑柔》）、"田祖有神，秉畀炎火"（出自《小雅·大田》）。当时的你可认为我是上天降下来的神虫，希望天神能阻止我的诞生和危害。其实，在3亿多年的漫长岁月里，我和周围所有的生命一直是和谐相处的，并没有吃光大地上的植物。而你只不过存在了300万年，在宇宙年龄中，不过是短短的一瞬，然而就是这一瞬，你却改变了自然界的面貌，并且愈演愈烈，在很多地方已经把我、把很多生命逼到了绝境。生命之间互相不能理解，因为生活在不同维度的世界里，中间隔着许多时空。就像你总认为"人定胜天"一样，我的聪明和智慧也不是你能想象的，可以毫不夸张地说，有的方面甚至超过了你。今天，我平心静气地坐在这里，给你讲述一个蚂蚱真实的世界，说一说我的爱恨情仇，也讲一讲我眼里的你，从开始与大自然和谐相处到一步步走上破坏的道路。

荒 原 的 故 事

我出生的年代，在3.7亿年前，你叫泥盆纪地质时代。那时候的地球面貌和现在你看到的完全不同，陆地上覆盖着大量的蕨类植物。植物太过繁盛，需要调控一下它的生长速度和种类，于是，就进化出了吃植物的昆虫，我来到了这个世界上。因为吃得好，又没有天敌，所以大家个头都很大，像有的蜻蜓长达1米。但动物总的数量并不多，海洋里的鱼是地球的主角，奇形怪状的鱼成群结队地巡游着自己的领海。后来，我看到了史前动物中你最熟悉的恐龙，也知道这种庞然大物灭绝的原因。我还知道很

▲ 让我飞

多很多，但我不想说破，想留着你自己去探索，我只讲我们的故事。

我不知那是什么年代了，也不感兴趣什么朝代，这都是你根据自己需要起的名字，与我没什么关系。我们一大群蚂蚱（你叫东亚飞蝗）乌乌泱泱从西北腾空而起，遮天蔽日，向东南横扫。所到之处，树剩枝干，禾草不存。

你肯定说了，瞧瞧，闹蝗灾了吧？那么我要说，这都是为了生存。蝗灾不是年年都有，大自然这座神奇的时钟自然会调整好所有生命的节奏。

▲ 蝗灾

我不喜欢你叫我蝗虫，因为一听蝗虫，就联想到蝗灾，就是永远的害虫。我还是喜欢蚂蚱这个名字，透着一种机灵、乖巧和亲切。

经过现在新民官庄地界的时候，看中了这里的环境，我在空中打了一个旋，翩然落了下来。我的孩子们见状，也纷纷散在我身边的草丛里。

"快飞，这里水太多，不适合我们生活。"领头的蚂蚱说。

我当然明白"旱极而蝗"的常识。干旱的时候，河、湖水面缩小，低洼地裸露，更适合我们产卵。干旱环境生长的植物含水量较低，孩子们喜欢吃，长得快，而且繁育后代的能力也强。

但我实在过够了随着蚂蚱大军天天为争食而活的日子。大家一落地，什么也不看，就是闷着头鼓着嘴拼命吃吃吃，一阵惊天动地的"唰唰唰"过后，大地被啃掉了绿色，变得光秃秃的。然后，"轰"地一声，再飞，再落，再吃。除了飞，就是吃，似乎飞是为了吃，吃是为了飞。剩下最后一片草叶更是你争我夺，没草吃了甚至开始吃同类。其实不用鄙视我残忍，你也一样，"人相食""易子而食"，也不只发生过一次。不信，翻翻你编的《沂州志》，白纸黑字写着，明崇祯十三年，高密一带发生蝗灾，"蝗遍野盈尺，百树无叶，赤地千里，斗麦贰仟，民掘草根，剥树皮，父子相食，骸骨纵横，婴儿捐弃满道，人多自竖草标求售，辗转沟壑者无算"。至于世界大战、民族冲突、种族清洗……更有几百上千万同胞死在你的手中。挣扎在最后的生死底线上，生命的本能都是首先保证自己活下去，谁也不用笑话谁，何况，你荼毒生灵，不仅仅是为了生存。

我想让孩子们过一种悠闲的与蝗无争的日子。

这个地方有两条河从正南和西南蜿蜒而来，在东北交汇，地里的水虽然也很多，可是中间露出一大片高地，到处灌木丛生，青草茂盛，水边芦苇连片，莎草婆娑，足够我和孩子们生活了。

六 个 孩 子

下了地我才发现，这里其实已经有了我的孩子，他们是当地土著，散漫而随意地生活着，并不像东亚飞蝗一样群居群飞。所以，只能说群居型东亚飞蝗对你有过危害，其他的蚂蚱对你并没什么大的影响。这样，我共拥有了六个孩子：老大我给起名叫蹬倒山，老二喊梢末夹，老三称呱哒板子，老四是油蚂蚱，土蚂蚱是老五，老幺叫姑娘。

▲ 老大蹬倒山

▲ 老三呱哒板子

▲ 老四油蚂蚱

▲ 老五土蚂蚱

▲ 老幺姑娘

我们蚂蚱属于直翅目昆虫，包括蚱总科、蜢总科、蝗总科三大类。你的山东老乡宋代著名女词人李清照在《武陵春·春晚》中所写"只恐双溪舴艋舟，载不动许多愁"，词里提到的舴艋舟，就是形似蚂蚱一样细长的小船。我们兄弟姐妹很多，据说上万个，在中国也有1000左右，我们互相也认不过来，没法一一向你介绍，只介绍我最亲近的这几个孩子吧。

　　老大蹬倒山，你给他取名棉蝗，属于蝗总科棉蝗属，男蹬倒山体长45～51毫米，女蹬倒山体长60～80毫米。蹬倒山，蹬倒山，一听这名字你就明白了，他是我们家族中力量最大、个头最强壮的。全身黄绿色，大眼突出，头顶一对长长的丝状触须随风摇摆，像战场上的将军戴的雉鸡翎，威风凛凛，帅气八面。他也是我们家族的

▲蹬倒山

保护神，后腿粗壮有力，让他蹬上一下，非死即伤。但他性情孤傲，不太合群，喜欢自己趴在棉槐、野柳这些灌木棵子上默默地思考蝗生。

老二梢末夹其实是个大嫂，你给她取名叫中华剑角蝗，剑角蝗科，剑角蝗属。她头部呈圆锥形，一对触角像剑一样，所以有了这英雄般的好名字。身材最长，相当于你半拃，目标最明显，颜色有绿色和褐色。她喜欢在既高又有些稀疏的草丛里跳动，一旦飞起来，距离也很远。她基本不挑食，胃口极好，高粱、玉米、豆子等庄稼，白菜、萝卜、茄子等蔬菜，马唐、狗尾、荩草等杂草一概不加拒绝。她也是我们家族的生殖能手，一次能产100粒左右的卵。她和老三呱哒板子其实是一对，之所以把老三挑出来介绍，是因为老三最有特点了。梢末夹能长58~81毫米，而老三比她媳妇直接小了两个号，最长也就47毫米，身材修长，甚至有些干瘪，一副在家里受虐待的冤样。其实呱哒板子在我们家族里是最欢实的主，身体轻盈、灵巧，擅长跳跃，喜欢飞翔，他飞翔时翅膀和后腿摩擦能发出很大的响声。他的前翅是绿色的，后翅却是粉红色的，平时后翅包在前翅里面，所以看起来整个身体是绿色的，但飞起来就完全两样了。因为漂亮，所以喜欢炫耀。夏日的中午，太阳正毒，大地上空热浪滚滚，草木无精打采，别的蚂蚱昏昏欲睡，旷野一片寂静。突然，远处传来"哒哒哒"清脆的响声，一条粉

▲ 呱哒板子和梢末夹夫妇

红色的弧线从碧绿的原野上划过，不用问，那是不甘寂寞的呱哒板子为了引起梢末夹的好感又在不辞辛苦地秀肌肉了。

老四油蚂蚱叔伯兄弟最多，有你们称作长翅素木蝗的，也有称作东亚飞蝗的，其中东亚飞蝗名气最大。他触角细长，呈丝状，共有26节。和梢末夹的尖头不同，他头顶是圆的，颜面平直，男油蚂蚱体长33~41毫米，女油蚂蚱体长39~51毫米，不像呱哒板子和梢末夹差距那么大。颜色也多种多样，有纯绿色的，有黄色的，有绿褐相间的，等等。数量多，繁殖也快，地里、沟边、河崖到处都有。我们蚂蚱家族平时用的标准照就是油蚂蚱。油蚂蚱又分群居型和散居型两种，群居型喜欢聚堆，一齐行动。蚂蚱群遮天盖地成"蝗灾"的时候，就是群居型油蚂蚱在迁飞。因为肚子油光光的，所以得了这名字。

▲ 油蚂蚱

老五土蚂蚱叔伯兄弟也好几个，你们所说的亚洲小车蝗、疣蝗都是，似乎是我们家族最没用的，个头不大，其貌也不扬，颜色像地上的土，也喜欢在地面上爬行，肉很硬。

▲ 土蚂蚱

老幺姑娘，你叫短额负蝗，属于蝗总科，锥头蝗科，负蝗属。是一种中小型的蚂蚱，男的体长19~23毫米，女的体长22~31毫米，女的不但比男的长，也胖很多。颜色分绿色和土黄色两种，头部为圆锥形，触角剑状，有点像梢末夹夫妇。身材短小，长有粉红内翅，平日文文静静的，喜欢在草棵上待着，比较懒，不爱活动，不能远距离飞翔，并不像名字那么活泼靓丽。

▲ 姑娘

▲ 看着我的眼

虽然我的孩子们外表差别很大,好像不是一个娘养的,其实细看他们的身体结构是一样的:都是由很多体节构成,全身可分为头、胸、腹三部分,胸部又分为前胸、中胸、后胸三部分,腹部共有11节。

既然你说一切从头开始,我就先说头部。

我们的头部主要由触角、眼和口组成。其中触角有1对,长在头顶,有的喜欢长成长丝状,很细,迎风招展时有点像女孩子春天装饰的丝巾;有的喜欢长成剑状、棒状,是男孩子喜欢玩的兵器。触角是我们的感觉器官,起感受触觉和嗅觉的作用。我们不像你,还长着鼻子,我们是一物多用。你的头上没长触角,但你发明的雷达就是你的触角。在这里我要提醒你一下,你一定不要老拿自己的标准来衡量别的生命,看东西一定用眼吗?闻东西一定是鼻子吗?

听事一定要有你那样的耳朵吗？比如我们的眼，你可能想不到，我们有1对复眼和3只单眼，怎么样？你彻底傻眼了吧？来，我慢慢指给你看。复眼位于我的头上部，左右两侧各1只，大而突出，你常说某某人瞪着大眼，他的眼瞪得有我的大？我的复眼由很多小眼组成，是主要的视觉器官，你最新的相控阵雷达就是根据我的复眼原理发明的，我懒得去法庭告你侵权就是了。我的单眼位于复眼和触角中间，各有1只，喏，就是这里，还有1只位于头部前方中央偏上，与另两只单眼呈倒等腰三角形，但我的单眼仅能感光，不像你，自诩能一目了然。我没有眼皮，所以不会眨眼，不会挤眼，不会抛媚眼，更不会睁一只眼闭一只眼。当然，我们蚂蚱也不相信眼泪。再说说我的口。我的口结构比你复杂，但功能简单，就是吃。我的口由5部分组成，包括上唇、下唇各1片，上颚、下颚各2片，

▲ 悠哉游哉

舌1片。上颚十分坚硬，适于咀嚼，是切断、嚼碎植物茎叶的主要结构。你的口虽然只有两张皮，却反正都使得：可以吃食，也喝酒，吃药，吞下自己酿的苦果；说真话，也说假话，会阿谀奉承，也能血口喷人……

怎么了？皱什么眉？你的表情太高深莫测了，真让蚂蚱看不懂。你像我们蚂蚱一样，活得简单一点，多好。

对不起，可能说着你的痛处了，不扯远了，继续介绍我的身体。

胸部是我的运动中心，分为前胸、中胸和后胸三节。每个胸节都由4片骨片组成，即背面的背板，腹面的腹板，两侧的侧板，像一层铠甲保护着我的身体。

我的每节胸各生有1对足，相对称为前足、中足和后足。前足、中足为步行足，顾名思义，就是用来抓牢东西和走路，合并了你手脚的功能。后足为跳跃足，蹦得远，跳得高，就是后足的绝招。足也是分节的，由基节、转节、股节、胫节和跗节组成，最末端是一对爪子。听起来挺复杂，我在你身上比画一下就明白了：基节相当于你的大腿根，转节就是你的股骨头，股节当然是你的大腿了，胫节理所当然就是小腿，跗节如果是你的腿背，爪子就是你的脚趾。你看，我和你的相似之处也不少，你既然承认地球上的生命都是由单细胞发展而来，也许我还是你的祖先呢……

不开玩笑了，咱继续评头论足。我的足前半部分粗壮，长得有点像棒球棒，后半部分细长，向后的一面还带有锯齿。锯齿也是我自带的防御工具，就像狼牙棒，每当遇到危险，我在向后用力蹬踏的同时也为起飞做好了准备。

我飞翔主要靠两对翅：中胸和后胸上各1对，称前翅和后翅。前翅狭长、革质、坚硬，覆盖于后翅上，基本和身体一色，起伪装和保护作用；后翅宽大、膜质、柔软，常折叠在前翅之下，飞行时展开，其中呱哒板子和姑娘后翅都是粉红色的，飞起来特别漂亮。你们人类不会飞翔，却天天做梦飞翔，于是发明了飞机。

我的腹部作用很多，共由11个体节构成。每节都是模块化结构，

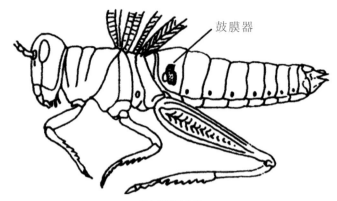
▲ 蝗虫鼓膜器的位置

由背板、腹板和侧板组成，节与节之间有节间膜相连。模块化也是你近年搞设计时才采用的一种方案，在3亿多年前我就发明了，你是不是应该虚心向我学习？

你可能在纳闷，都到了肚子了，怎么一直没看到我的耳朵？好吧，现在我就亮给你看：在我腹部第一节背板两侧，各有一个大型的孔，孔内有膜，这就是我的耳朵，你给取名鼓膜器。好奇怪吧？耳朵竟然不长在头上。另外我还有一点不满意就是你对我一点也不尊重，耳朵长在你的头上就叫耳朵，怎么到了我这里也是听事的就成了鼓膜器？你耳朵里面不是也有膜？还有你的口叫口，到我这里又成了口器，让我一点也没有被视为生命的感觉，不信你翻翻写我的书？

算了，我还是抓紧说完吧。在我们的中胸、后胸和从腹部第一节到第八节两侧相对应的位置上各有1个小孔，这小孔叫气门，相当于你的鼻子，是供呼吸用的，共有10对。气门是气体出入我身体的门户，和外面的气体交换是通过气管与组织细胞完成的。

这一大段说得我口干舌燥，估计你也听得有些不耐烦了。你总是高高在上地把我作为研究对象，似乎我从来是没有生命的，更不用说思想、感情了，你什么时候能平等地对待我？不和你理论了，我要和孩子们去享受幸福生活了，让你羡慕嫉妒恨。

世 外 天 堂

接下来的日子，无疑是自由、快乐、舒适而悠闲的。

这里地处北纬36°20′40″，东经119°36′18″，海拔17米，属于山东半岛的胶莱平原，土质是砂姜黑土，暖温带半湿润性季风气候，年平均气温在12.7℃，历史极端低温为-24.5℃，极端高温为40.8℃。年平均降水量619.6毫米，日最大降水量294.8毫米，年最大降水量1303.3毫米，年最小降水量252.5毫米，降水年际变化大，且主要集中在夏季，容易发生春旱夏涝。气候特点是春暖、夏热、秋爽、冬寒，一年四季分明。年平均日照总量2452.7小时，无霜期226天。

▲ 虎尾巴草

我们生活的这片荒原上，长有野柳树、野榆树等灌木，草类当然是大地的主人。

先来看看尾巴三兄弟。虎尾巴草开出的花穗像一支支排笔，在微风吹拂下，像一个痴情的画家，不停地给还没褪色的天空装扮，让他的情人永远透着鲜嫩、醉人的蔚蓝气质。狼尾巴草丛丛高立，开出的花穗也像一根根狼尾巴，充满了野性和不屈，向天直冲不打弯。狗尾巴草名副其实，是被人驯服了的狼尾巴，花穗向下耷拉着，像做了错事正在挨训的小狗，低头顺眼一副毕恭毕敬的样子，嘴里却"唔唔"着还是有些不服。狗尾巴草又像缩小版的谷子，所以也叫毛谷

▲ 狼尾巴草

▲ 狗尾巴草

英、谷莠子，你的名医李时珍在《本草纲目》中解释道："莠，草秀而不实，故字从秀。穗形像狗尾，故俗名狗尾。"嫩时的谷莠子是我的最爱，直立的秸秆便于我攀缘，斜上的细叶便于我啃食，这也是我们喜欢单子叶植物的原因。当然，有时为了换换口味，我也去尝尝有些好吃的圆叶子。

小蓬草独秆向上不分权，绿秆上不断长出长长的绿叶，叶互生，披针形，无叶柄，层层向上，密密匝匝，郁郁葱葱。一棵小蓬草带来一片绿荫，一片小蓬草就是密不透风的森林。我并不太喜欢吃小蓬草的叶子，只是喜欢待在那不分青红皂白的碧绿里面，把我的身体也融化进去，谁也难以发现。在无垠的旷野里，当暴风雨袭来的时候，小蓬草挺直的身板、密密的层叶，给我挡住了风雨。夏日炎热的阳光下，悄悄地躲在小蓬草的身子底下，享受着那份惬意的清凉，这是大自然的恩赐，比你家的空调舒服得多。当然，我也知恩

▲ 小蓬草上的少年呱哒板子

▲ 小蓬草上的姑娘

图报，吃了别的草，却把肥料投在了小蓬草脚下的土地上，让他越长越帅气。

云青菜（凹头苋）、灰菜也长得高高的，有点像兄弟俩，但云青菜叶子是绿色、椭圆状披针形，灰菜叶子是灰色、叶缺刻形。蒲公英是一个浪漫的女孩，喜欢旅游，她把种子开成白色的伞形，随风飘荡，最终到达她自己也不知道的远方。苍子（苍耳）则喜欢快递小哥，椭圆形的种子表面长满了尖刺，像一个个小刺猬，谁靠近就赖住谁，必须把她免费带到远方。蒺藜默默地匍匐在大地上行走，走到哪里，给哪里留下一团翠绿，却不显山，不露水，与世无争，开出的小黄花也半隐在她浓浓的碎叶中，羞羞答答的。但如果你认为她好欺负，那就错了。她并不是一个温良恭俭让的主，而是个暴脾气，结出的果实有五长五短十根刺，猛一下摁在你脚上，一准让你龇牙咧嘴。刺

▲云青菜

▲苍耳

▲龙葵

▲蒺藜

▲ 苘麻

▲ 苣荬菜

在肉里，疼在心上，会让你长记性，不要认为老实的生命就好欺负。焉油（龙葵）、苘饽饽（苘麻）枝杈很多，像一棵棵小树，焉油的种子成熟的时候呈现紫色，像一簇簇葡萄，苘饽饽绿色的种子有大拇指大小，呈圆盘形，向外张开一圈小片，极像喷气式飞机发动机的叶片。蓁蓁毛（小蓟）的绿叶上长满了锯齿，曲曲芽（苣荬菜）则是条形的灰叶，马肿菜（马齿苋）、车前草喜欢长在水边……

　　在一望无际的荒原上，河流似两条白练，从正南和西南蜿蜒而来。其中，从正南方向来的河名叫红绣河，从西南方向来的河名叫韦家沟，平时我习惯称为东河、西河。东河宽阔、粗壮，水流湍急，河面不时泛起层层浪花，像一个志在远方、急于赶路的男青年。西河则相对纤细、曲折，河中水草亭亭玉立，水流轻言细语，似乎是一个边行走边贪玩的怀春少女。少女从西南方向过来后，向北直走了一会儿，猛抬头，瞥见了东方那个伟岸的身影，芳心荡漾，便径直向东北奔去，扑入了东河宽广的怀抱，在大地上留下一个钝角，那是少女奔跑时飞扬的裙裾。一对情人在东北角交汇后相拥着继续向东北方向飘然而去，一路携儿带女，热热闹闹地走着，汇入五龙河，汇入胶莱河，汇入莱州湾。河水变成了海水，淡水变成了咸水，条条河流像根根血管，滋润着胶莱平原的皮肤，充实着渤海湾的胸怀，送来了渤海湾水族生长需要的营养。那时的河流没有堤坝的约束，在绿草如茵的大地上欢快地流淌着。夏天水大，河两边的地成片地泡在水里。浅水中长满了高高的芦苇、修长的蒲草（水烛）、叶片宽大的"水芋头"（野慈姑）、三棱秆的芬子（荆三棱）等，水下还飘荡着各种苲菜。

▲ 蒲草

清澈的河里是鱼鳖虾蟹的乐园。

喜欢在水面顶着水、划出一道道水纹的是撅嘴鲹，他们往往成群结队地排出箭形队，像天空中飞翔的雁群。他们的嘴向上翻着，便于掠取水面的食物。虾的身体呈半透明状，喜欢附在水草上。活动的时候虾须后飘，腹下片片游泳足急速摆动，前进的动作有点像太空行走。鲫鱼无疑是最常见的土著居民，大大小小的，到处都有。"嘎牙子"（黄颡鱼）长得比较特别，浑身没有鳞，黄底上长着黑色的斑纹，宽宽的嘴角飘着长胡子。别看他游起来慢吞吞地像个长者在散步，小鱼小虾见了却躲得远远的，因为他好喝两口，一不留神就会成了他的下酒菜。尽管他游动不那么迅捷，你也不敢直接用手抓，因为他的背鳍、胸鳍都是硬刺，上面还有锯齿，被扎上就鲜血淋漓，还会红肿起来。当你捏住他脖子的时候，他会"嘎嘎"地叫，所以他是因声而名。鲤鱼是水中的老大，没事像个领导一样踱来踱去，没鱼去惹他。黑鱼则是最凶猛的杀手，有点像山林中的老虎。他悄悄地隐蔽在水底的草旁，可能半天也不动一下，一旦发现合适的猎物，便闪电般地蹿上去一口咬住，水底一阵泥浆翻腾，近处的鱼虾顿时魂飞魄散，逃之夭夭。黑鱼还喜欢跃到岸上来"晒太阳"，这个独门绝技也让其他水族大为折服。长相最漂亮的你叫"镜鱼"（鳑鲏），模样有点像热带鱼中的神仙鱼，只是个头很小，白色的身体上长有红的、黄的斑点，在阳光下一闪一闪的，很远就能看到，但也最娇贵，几乎是离水就死。最皮实的应属"骚嘎啦皮子"（盖斑斗鱼），身体扁平，深绿色，前后几乎一样宽，游泳时尾羽像飘扬的绿旗。把他扔在岸上，只要是湿地，半天后再扔回水里，仍然活蹦乱跳。你最害怕的还是黑鳝、黄鳝，他们样子像蛇，长着一口锋利的牙，在水底扭来扭去。其他像麦穗鱼、"趴骨浪子"（棒花鱼）等因为个头太小，并不入流，泥鳅则一遇到危险就不见了。泥底还生活着"骚蛤蜊"（河蚌）、"玻螺牛"（螺蛳）、"小黄蛤蜊"（河蚬）等，其中"小黄蛤蜊"喜欢待在浅水的细沙中，个头最小，味道却最鲜美。

水中有这么多美味，自然也引来了众多食客。

通体纯白的鹭鸶（白鹭）长着高挑的腿，尖长的嘴，腿和嘴都是黑色，脚趾却是黄色。她属于鹳形目，鹭科，喜欢一动不动地站在水边，一副望穿秋水的痴情样。你不要认为她是在借水梳妆，尽管她很漂亮，却还没那么自恋。她可是静如处子，动如脱兔，瞅准目标一嘴下去，水花还没来得及溅起，一条小鱼就叼在口中了。

▲ 白鹭（李明璞 摄影）

翠鸟（普通翠鸟）的颜色就复杂多了，从头到尾是蓝绿色，前额、颊部和耳朵的羽毛是棕红色，喉部是白色，胸部以下是栗红色，嘴是黑色，脚是红色，真正是五彩纷呈。她属于佛法僧目，翠鸟科，喜欢捉鱼，因为身材短小，只能下水冒险。她站在横斜于水面的苇秆上，看似悠闲，一对大眼却骨碌碌不停地扫描水下。这次，她瞄准了一条在水底打盹的鲫鱼，算准距离后，一跃而起，头垂直向下，翅膀后掠，像一枚出膛的子弹射进水里，"呼"地溅起一团水花。水花还没落下，"唰"地一下，她嘴里横叼着一条个头不小的鲫鱼，

▲普通翠鸟（李云飞 摄影）

奋力扑闪着翅膀，飞离了水面。鲫鱼不甘心束手就擒，在她嘴里拼命摇头摆尾，心想，你只靠一张嘴巴能把我怎么样？翠鸟当然不敢大意，她落到岸边的一块石头上，用嘴把鱼继续夹紧的同时，头左右甩动，鲫鱼头部摔在石头上"啪啪"作响。这下，鲫鱼傻眼了，他没料到鸟儿还有这一手。不一会儿，鲫鱼的身子就软了下来，原来他的脊骨被摔断了。翠鸟仰起头，长长的上嘴、下嘴灵活地抖动，把鲫鱼顺直，让头冲着她的喉咙，尾向外，全力张开大嘴，一顿一顿地把鲫鱼吞了下去。

　　手艺高超的建筑师当属"香鸡"（黄苇鸦），她也属于鹳形目，鹭科，是就地取材的典范。在芦苇丛深处，她选中了新房的位置，这是一丛周围高、中间低的苇子，距离水面半米左右。她用结实的长嘴把矮的几根苇子梢用力折断，向中间交叉，然后把周围的苇叶拖过来编织在一起，形成了一个开口向上、直径一拃左右的盘状巢。妙处在于，她在巢里生活起居期间，这些苇梢、苇叶仍然翠绿，不会死掉。她身材苗条、细长，捉鱼时站在贴近水面的苇秆不动，看准目标时把上半身探进水里，既不像鹭鸶那样用大长嘴解决问题，也没有翠鸟那样奋不顾身的勇气。

▲ 黄苇鳽（李云飞 摄影）

▲ 小䴙䴘（李明璞 摄影）

水鸭子（小䴙䴘）是个捉迷藏的高手，她属于鹳形目，䴙䴘科。只见她在水面上悠闲地游着游着，一个猛子下去就没影了，好大一会，才从远方的水面冒出来。好像还回头炫耀：怎么样，我的水性还可以吧！

面对遍地的鲜嫩青草和天堂般安静的环境，我们无须苦苦奔波，无须为了一片叶子你争我夺，孩子们可以随心选择，不断变换口味。

吃饱了，孩子们便开始玩各种游戏，永远乐此不疲的，自然是飞行比赛。往往是性格活泼的呱哒板子率先起飞，只见他目视前方，双须上张，前四足下蹲，后足绷紧，一个弹跳，蹦起一尺多高，随即展开翅膀，伴随着"哒哒哒"清脆的响声，只见一条粉红色的彩带向远方飘去，很像巡航导弹的发射，动作帅呆了。梢末夹、油蚂蚱也不甘落后，纷纷展翅，在自由的天空下尽情翱翔。

自然万物，都以自己独特的智慧，与周围的环境融为一体，相伴相克，和谐共生。

秋 后 时 光

欢愉的时光总是短暂的，不久，西北季风给我们捎来了秋的信息。

你常笑话我们"秋后的蚂蚱蹦跶不了几天"，我坦然地面对这一客观事实，因为我不能违背大自然早已调好的时间表。

于是我命令孩子们取消一切娱乐活动，抓紧时间进食、休整，养肥身体，为繁殖后代做好充足的准备。

时令逼近9月，早晚渐凉。孩子们一个个成熟起来，梢末夹、油蚂蚱的肚子鼓胀起来，里面装满了卵。呱哒板子不再热衷于飞行表演，天天伴随着梢末夹，几乎形影不离。不怕你笑话，我们蚂蚱做爱的时间很长，像姑娘男女做爱可达4～6小时，最长的可超过10小时，所以你能经常看见他们一大一小叠在一起。

你可能早注意到了，我和你不一样，我们都是女性大男性小，这是因为女性蚂蚱担负着产卵这一艰巨的任务。而你们是男性强壮于女性，是因为男性担负了更多的体力劳动。生命在长期进化中，都做出了最合理的选择。

生产的时候终于到了。

这是一个痛苦的过程，一个欣慰的过程，一个生命消失的过程，又是一群新生命诞生的过程。

▲ 产卵的东亚飞蝗

　　梢末夹似乎被一夜的北风吹老了许多，她像一个行动迟缓、自感时日不多的老人，在地上慢慢地爬行着。

　　太阳偏西，这是一天中气温最高的时候，她在一块向阳的坡地上停了下来。她伸长尾巴，弯曲向下，用尾尖向地下探了探，表面土质坚硬，下面湿气上升，正是生儿育女的好地方。

　　她全身趴在地上，双翅微微张开，她需要吸收太阳的能量来帮助完成生命中这最后的一搏。

　　她先把肚子伸向空中，然后大幅度向下弯曲，尾尖插向地面。地表很硬，她用尽全身的力量下压，同时尾部微微抖动，来打开今生最后一个生命之眼。

　　慢慢地，尾尖插进了地下，她感觉到一阵舒适的湿气从下面弥漫上来。她停了下来，腹部加紧了蠕动，翅膀张得更开了。过了一会儿，她插稳尾尖，上半身小心地后退了一点点，把全身的力量运到了腹部，继续用力伸长向深处插去，直到几乎整个腹部都插进了土里，大约有10厘米深。然后，她的尾部开始向外冒气泡，分泌出一些胶质的液体，她把一块长条状卵慢慢产下来，卵很规则，整个卵块有100多粒。卵块产出后，她在卵块上部喷出了大量泡沫状胶质。卵块和胶质物在她用尾巴插成的地道里形成一个弧形的囊。卵囊的胶质部表面与周围的泥沙相混，构成一层保护卵的硬壳。卵块上部的胶状物凝固后形成了一个坚硬的黑色胶囊塞，内部胶质为白色，这就是来年春天孩子们爬出土层的通道，同时也能堵住天敌的入侵。卵体部的胶囊外表不与泥沙相混，单独形成一层黑色薄壁，内部充满了绛黄色的卵胶。如果你用放大镜就能看清，卵壳表面并不是光滑无痕，而是有一些突起，这些突起里面有未封闭的小孔，用于卵孩吸水发育。

为了繁育和保护自己的后代，梢末夹可谓费尽了心机，并不比你们生孩子容易。但即使这样，她的孩子仍时时处在危险之中。

蚂蚱产卵的过程

想知道棉蝗是怎么产卵的吗？

玩 转 炫 酷 ＡＲ

打开 APP，点击对应昆虫图标，扫描左下侧目标图片，开启奇妙 AR 之旅！

▲ 蚂蚱卵

产完卵后，她感觉身体空了，力气也耗尽了。休息了半天，又拼尽全力一点点把瘪了的肚子从土中抽出来，再用后腿扫来土，把洞埋上。

夕阳西下，秋风又凉，她缓缓地挪到一处发黄的草丛下，不再吃喝。

第二天，当第一缕阳光重新照亮这片草丛的时候，她已经身体僵硬地侧躺在地上，翅膀散开，肚子弯成了一个问号。

卵产在土里，也掩埋好了，事情还没有结束，一些专门以吃我们为生的敌人已经找上门来了。

在土蝼蚱产卵的地方，就落下了一个可怕的大家伙，叫中国雏蜂虻，她是昆虫家族的双翅目昆虫，小翅膀，大肚子，飞起来"嗡嗡"直响，瘆得慌。

只见她不知用什么仪器，准确地找到了土蝼蚱产卵的入口，把自己的卵产了进去。第二年4月中旬，还没等土蝼蚱的孩子出来，她的孩子首先孵出来了。出来之后，小虫子就钻入了下面的卵块内，像你喝生鸡蛋一样，一个个吸食土蝼蚱卵内的汁液，只留下卵壳。小家伙在里面胃口好得很，边喝边长大，越长食量越大，一天最多

▲ 中国雏蜂虻

▲奋力攀登

能喝8个"生鸡蛋"。土蚂蚱下的这一块卵，就等于是为人家的孩子准备的。即使这小家伙没动过嘴的卵，也全坏了，没法再生出我们的孩子。

寒 冬 漫 漫

西北风一天紧似一天，草渐渐黄了，水渐渐凉了，太阳渐渐远了。

河中的蒲草挺起了褐色的棒槌，苇子扬起了白色的芦花，北风吹过，绵延起伏，荡向无垠的远方。

不知什么时候，水鸟一个个不见了，只有香鸡的空巢在已经枯黄的苇秆上寂寞地随风摇晃。

夜深了，我感到一阵阵寒意。

太阳再从东边升起来的时候，大地已是一片洁白：草叶都穿上了厚厚的霜的铠甲，在阳光下闪烁着银色的光芒。

河水似乎也越来越黏稠，流动越来越慢，水面上雾气腾腾，弥漫天地，宛若幻境。

西北风一天凶似一天，把芦苇、茅草这些高秆植物吹得直不起腰来。

乌云也跟上来，向大地撒下细小的冰粒。冰粒落到地面上，跳跃着，滚动着，亮晶晶的，满眼新奇；冰粒落到河里，悄无声息，立即和他的水兄弟融为了一体。玩够了冰粒，乌云又

▲ 打霜的芦苇

▲ 银装素裹

把长长的、宽宽的水袖漫天一甩，一片片晶莹剔透的六角形雪花洋洋洒洒，随风飘荡，忽闪忽闪地扑向本属于他的大地。

厚厚的积雪把大地紧紧包裹了起来，大地没有了高低不平，没有了乱色，变成了一片白茫茫的世界。河两边先是浅水的地方结了冰，太阳还不想放弃他不多的热量，中午会融化掉一些临水的边缘冰层。到了深夜，河两边的冰继续向中间靠拢。第二天，太阳仍不放弃，但北风配合着冰的努力，太阳只能且战且退。终于在一个风后的夜晚，两边的冰牢牢地拥抱在了一起。

世界凝固了。

寒冷的深夜，气温降到零下20℃以下，我的卵孩已在承受极限的低温。在冰冻的土地下，隐隐传来卵孩哭"冷"的声音，渐渐地，声音越来越弱，最后悄无声息了。

天地间又恢复了平静。

这是大自然的法则，我无能为力。

理智告诉我，如果所有的卵孩都能在明年春天成活，很快，我们这片不大的草原就会被吃成荒漠。

生 命 之 春

　　漫漫的冬夜终于熬过去了，温暖、湿润的东南季风轻轻抚摸着松软的大地。

　　茅草，是最早探头深脑出来看稀奇的。一个紫色的细芽从被冰雪盖过春风暖过的土里毫不费力地钻出来，见到阳光以后很快就变得像铁钉一样，赤着脚不小心踩上，它能直接扎进你的脚心。几天之后，这"钉子"包壳就会向两边分开，小心翼翼地捧出两片嫩黄的茅草真身。又过了几天，茅草中间长出一根薹来，高高地挺出，你管他叫"茅引"。春深的时候，"茅引"便会破开，挑出一秆白色的茅草花。"如火如荼"

▲茅草

▲牵牛花

之茶，就是指茅草的白花。春风拂过，遍野的白色茅草花波浪起伏，似旌旗招展，如凛凛军阵，威武雄壮。

正在我欣赏茅草的时候，大地眨眼间就换上了绿衣。

蹲着长的有苦菜、荠菜、婆婆丁（蒲公英），爬着走的有小芙子苗、葛菀子、喇叭花，站着向上的有姜姜毛、谷莠子、云青菜……

在这里我和你重点说说喇叭花，也叫牵牛花，这种最常见、最普通、似乎也最不入流的花。花的颜色有红、白、紫、粉、蓝等，你可知道，这花还有一个很诗意的名字叫"朝颜"，因为她喜欢清早含着露水、披着晨雾绽放，傍晚就偃旗息鼓打成卷。凡事都是相对的，有"朝颜"就有"夕颜"，那是一种和"朝颜"非常相似的花，也叫月光花，喜欢在傍晚开放，早晨收起。两花堪称姊妹花，早晚轮流值班，给这个世界带来不败的美丽。怎么样？大自然够神奇的吧！

还是往水里看吧，芦苇最先从水里冒出来，尖尖的，有筷子粗细，在水面上密密麻麻一片，像一支支蓄势待发时刻准备射向天空的利箭。"蒌蒿满地芦芽短，正是河豚欲上时"，这里可能离海还比较远，我没发现有河豚。蒲草、芬子、水芋头也争先恐后，竞相站在水中招摇。

　　各种青草郁郁葱葱，为我的孩子们准备了丰厚的早餐，该是他们出来活动的时候了，出来享受大自然的精心招待。

　　5月中旬，气温升到20℃以上，"好雨知时节，当春乃发生。随风潜入夜，润物细无声"，夜里的一场细雨滋润了万物。第二天，旭日东升，太阳尽情地敞开温暖的胸怀拥抱着大地，冬天蛰伏在地下的生命本能地感受到了来自外部光和热的召唤。

▲田旋花

蚂 蚱 有 故 事

第二章

一代蚂蚱的故事

小荚和小板是一对中华剑角蝗，也就是梢末夹和呱哒板子。他们长年累月生活在同一片土地上，属于土著型蚂蚱，一年只生一代。

出 生

第一个活动起来的是小荚，她处在卵块的最上层，首先收到了来自春天的请柬。

去年秋天，妈妈产下她后，小荚就迫不及待地开始发育，气温低于15℃后，她才冬眠。安全地度过寒冬后，5月上旬，当气温回升到15℃时，她从沉睡中醒了过来，伸伸懒腰，大快朵颐地享用着卵壳内的营养，汲取着外面的空气和水分继续发育。这时候，你

▲蝗虫的近亲——螽斯（雄）

▲ 马唐草上的油蚂蚱

能看到卵壳内有一双黑色的眼睛一动不动地盯着外面，似乎在好奇地问：外面的世界好玩吗？眼睛下面，她的腹部和足已依稀可见。

在地下待了260多天，已经等得太久，她不喜欢这黑暗和寒冷的环境。当太阳一次次投下召唤的亮光，当春风一次次送下邀请的暖意，她知道告别地下生活的时刻来临了，外面的世界才能展示她的精彩。周围土壤中温润的水汽凝聚成她的力量，她鼓起勇气，挣开卵壳的束缚，带着满脸的好奇和不安，第一次以一个自由身颤巍巍地向上蹿去。母亲生产时特意在地道上部留下的一段泡沫状塞子成了她顺利上行的通道，她瞬间感受到了母亲的伟大和超凡的智慧。这时候，她的身体还被包裹在一层很薄很薄的膜内，向上运动时只能不停地摆动、扭曲、转动、伸缩肚子，将体液推向头部与前胸背板之间的颈膜，使颈膜突出，在前后伸缩和左右扭摆中一点一点地用力推开前方的阻碍。

小英的蠕动惊醒了她下面的兄弟姐妹。在她的带动下，七八十个小家伙也陆续活动起来，他们齐心协力，你推我挤，鱼贯上涌。到了洞口，母亲掩盖的大大小小的土块曾经是他们的保护神，现在却挡住了出路。小英拼命扭动肚子，左冲右突向外蠕动，也仅能露出眼，头和身子被卡住了。

小荚精疲力竭，只好停了下来，这是她生命中遇到的第一个挑战。仰望蓝天，她的眼前一片光明，却手足无措，不知如何才能迈出奔向这美好世界的第一步。

"小荚，上啊！"

不用回头望，她也知道是小帅哥小板紧跟在她的后面。再向后，还有一大群密密相随的兄弟姐妹，有的甚至还在深处的黑暗中。他们现在应该都一齐抬着头，摇晃着脑袋，眼巴巴地望着她。

妈妈虽然最后产下了她，却给她留了个离外面世界最近的位置，这是妈妈的希望，也是要求，她有责任给兄弟姐妹闯出一条生路。想到妈妈，她浑身充满了力量，将肚子向左一扭，又向右一扭，小板趁机挤了上来。

"蹬着我的头上！"小板也急眼了。

她没有再推让，用弯曲的肚子底部顶住小板的额头，拼尽全力向上蹿去。周围忽然没有了束缚，淡黄色的她终于来到了地面上，下面传来一阵欢呼。

天地空旷得令她有些眩晕，她定睛凝望，却见天地辽阔，白云飘荡，微风送来了青草诱人的芳香。

她顾不得在后面的欢呼声中陶醉。大地虽然辽阔，她仍不能自由行动，身体还包裹在胎膜里。她感到全身发紧，便继续扭动身子。在太阳和暖风的帮助下，胎膜迅速变干，从背部中间纵向裂开了一条细缝，她把头最先伸了出来，然后是前爪、后爪，最后抽出了肚子。

把旧皮踩在脚下，她身心放松，转动着头部，用一双大眼好奇地打量着这个美妙而莫测的世界。跟随着她，兄弟姐妹们也像变戏法一样，一个个从地下冒了出来。

梢末夹的卵越冬时间比较长，因为一个梢末夹可以前后多次产卵，前后间隔又比较长，所以最先产的卵越冬时间最长。多数卵在地下生活260天左右，最短的250多天，最长的可达280天，也就是9个月左右。每年的5月中旬，气温在21～25℃时，卵开始孵化。

▲玉米地里的油蚂蚱

一个区域内出土比较集中，20天左右可全部出齐。其中上午出土
比较多，8～10点又最多，下午比较少，阴雨天或温度低了则不
出土。

　　你总认为自己是最聪明的，可是我们蚂蚱却是无师自通。你十
月怀胎，生下孩子后需要花费几年甚至十几年进行各种教育，除了
在学校的各种课程，还要上名目繁多的辅导班，总想把孩子培养成
一个无所不能的全才。如果生下来没人管，肯定活不下去。可你看
看我们蚂蚱，妈妈只负责生产，孩子从卵壳里出来后一切靠自己的

努力，不需要妈妈照看。经过3亿多年的进化，生存的遗传密码早已融入了孩子们的身体，这就是生命在环境中的适应性和自我修复性。

小芙正在地道口附近跳来跳去地玩耍，猛然听到天空中传来令她恐惧的"嗡嗡"声，一个巨大的黑影遮住了太阳，她情知不好，本能地向旁边跳去，回头一望，只见一只马蜂落在了一个腿脚慢的妹妹身边，张开带着钳子的大嘴，一口就咬住了。

"快进草丛藏起来！"小板的声音都吓变调了。

小芙、小板和弟弟妹妹们你蹦我跳，争先恐后地汇集到附近的草丛中。

稗草高大的茎秆，长长的叶片，像一片郁郁葱葱的原始森林，又像活在另一个时空的妈妈，护住了这些毫无抵抗能力的小小精灵。

没长翅的蚂蚱只会跳，所以叫跳蛹。

▲ 跳蛹

▲ 绿叶上的姑娘

　　大伙惊魂稍定，还没喘匀气，突然又不知从哪里冒出许多蚂蚁，迅速向几个行动迟缓的弟弟妹妹包围了上去。一个弟弟不甘心束手就擒，歪着头，斜着身子，用后腿拼命蹬飞了两只蚂蚁。可有一只蚂蚁趁机爬上了他的额头，一口咬住了他柔软的触须根部，他急得拼命摇头也甩不下去。更多的蚂蚁围拢过来，分工明确，配合默契，一看就训练有素。有的用嘴拖住了他的腿，有的咬住了他的尾，有的爬上了他的背，很快，他的全身就爬满了蚂蚁。开始还能看见一个黑色的肉团在蠕动，慢慢地就只剩下蚂蚁啃食的"嚓嚓"声。等到蚂蚁群散开的时候，这个小弟弟已经没了踪影，只剩了几根断腿，被蚂蚁们当作战利品，耀武扬威地用嘴举着走了。

　　这就是大自然制定的生存程序。每一个生命都在为另一个生命服务，绿草为我们服务，低等生命为高等生命服务，各种生命之间，又有着看得见的，看不见的千丝万缕的联系。只有你，只想为自己活着，所以我说，你是最自私的动物。

　　你总以万物之灵自居，睥睨其他生命。在我3亿多年的经历中，看过了太多的地球统治者消亡。你南边的诸城市，出土了很多恐龙化石，可是这种当年在地球上称得

▲ 马唐草

上绝对霸主的巨大动物哪里去了？你的脚下曾出土过猛犸象化石，也是体形庞大，无动物敢惹。现在呢？很幸运，还给你留下了一点骨头供你研究。反而被你称之为低等的生命，在与世无争地生活着，默默地为别的生命奉献着，一直延续到了和你能够在同一个时空相逢的今天。

沐浴在和煦的阳光下，像躲在母亲的怀抱里，小荚渐渐忘掉了刚才的一幕。她瞪着一双稚气的大眼，对未来又充满了憧憬。这时候，小荚的身体还是柔软的，一星期后，她的外表才完全变得坚硬起来。

蛰伏到下午，小荚感觉稍微凉爽一些的时候，肚子也有些瘪了，旁边的青草弥漫出阵阵诱人的芳香。

她用前边的四条腿，紧紧抱着一棵马唐草茎向上爬去，快到顶端的时候，发现一片叶子呈黄绿色，鲜嫩诱人，就毫不犹豫地爬了过去。

看到同伴们有的上了谷莠子，有的上了稗草，已在急急地闷头大啃，小板饥不择食地爬到一棵萋萋毛上。

"扎嘴！"小板疼得龇着牙从萋萋毛上掉了下来。

"你旁边有谷莠子，那也是我们的美食。"小英提醒他。

小板前爪后腿并用爬上旁边的一棵谷莠子。谷莠子粗不能围，抬头望去，仿佛一棵大树，直插云霄，茎上长出一片片长长的大叶子遮天蔽日。小板爬一段，歇一会，终于快到顶的时候，发现斜向上伸出的一片叶子绿中透着黄，黄中染着绿，在阳光的映照下鲜嫩鲜嫩的，便小心翼翼地攀了上去。

他张开上颚和下颚，用力咬向叶子的边缘，切断以后咀嚼起来。

第一次品尝到大自然赐予的味道，甘甜、芳香、清新、湿润，几口下肚，浑身充满了能量。

蜕 皮

十几天之后，小英感觉身体外表越来越紧，像被什么捆住一样，束缚得难受，内心极力想挣脱开。于是她就拼命吃草，似乎只有不停地吃，才能暂时缓解她心中的郁闷和压抑。

一天早晨醒来，尽管晴空万里，艳阳高照，她却心情沮丧。因为她发现自己胖了许多，行动笨拙，皮肤也暗了下来，简直成了一个丑姑娘。她感觉没脸见小板，便独自静静地趴在一根粗粗的稗草秆上，一动也不想动。

小板找过来，明白是怎么回事，便爬到草叶上安慰她："你就要脱去这层旧衣服，换新衣服了。换了新衣服，你肯定更漂亮，更迷人。因为你将成为身材最长、举止最优雅的蚂蚱。"

"真的吗？"小英抬起头，脸上是将信将疑的表情。

"当然是真的，我前两天已经偷偷地换了，只是我们男孩子不太讲究穿新衣服，所以没告诉你。"

小英想了想，感觉小板这两天个头确实大了一些，也精神了许多。

爱美之心战胜了一切。她不再烦躁，不再害怕，而是静静地等待着那一刻的到来。

快到中午的时候，她的肚子基本排空了，内心忽然有了一种很奇异的期待，不需要别人教，身体里的遗传密码已经告诉她下一步需要做什么。

▲ 萋萋毛上的褐色梢末夹

她缓缓地掉转身体，头朝下，前腿缩在胸口，3条腿的爪死死地抱紧怀中的草秆，背部三角形的小翅，尖端向左右张开，中央露出两片狭窄的薄板。她摆出了蜕皮前的标准动作。

小荚是一个爱美的女孩子，旧衣服即使不用了，她也很珍惜，不能撕破。现在，她小心翼翼地进入了脱旧衣服的程序。

爪还包裹在里面，她用什么脱衣服呢？只见她像一个修炼多年、武艺非凡的气功大师，把全身的气运到自己的肚子上，让肚子一节一节向下蠕动，巧妙地利用地球的引力，加上自身的努力，逐渐将身体的大部分体液推向头部和胸部，外皮尽可能地伸长、伸长。

憋得太难受了，她的头一次次向肚子的方向弯曲，背上的颜色开始变浅，变旧。过了一会儿，她肚子的节间膜变得向外突出，背部突然从后向前裂开了一条细缝，后

▲ 抱着草秆的油蚂蚱

▲ 梢末夹的新衣

方直到翅根，前方到达头部和触角。背部带着新的翅芽首先从裂口里露了出来，黄绿色，极嫩，接着，鲜嫩的头重新挺了出来。而她脱下的面膜，丝毫不乱，两只什么也看不清了的假眼，已经失去了光泽。脱下的触角外套，也没有褶皱，只是不再像剑一样上扬，而是无力地垂着。

她似乎长出了一口气，再把身体缩紧，努力地把头向上抖动，身体后仰，先是把两条前腿从旧壳中一点点抽了出来，接着中间两条腿也像脱手套一样脱下了旧皮，4条空腿的壳就像被施了定身术，保持着原来的姿势，不会再动了。

然后是最长的后腿，这也是最麻烦的。

前面已经告诉你了，蚂蚱的腿由基节、转节、股节、胫节和跗节组成，末端还有爪。而小荚的后腿是最长的，股节部分也最粗，胫节上还有很多刺。要把这么一根机件复杂、细节雕琢巧妙，并有3个弯曲的护腿脱下来又不损坏，小荚肯定要费一番功夫了。

好在她已经有了前面的经验，知道自己应该向哪个方向努力，所以没有丝毫的慌乱。她从远端发力，先把最尖端的爪抽出，然后是跗节，因为这时候她的大腿包括胫节上的刺全是软软的，抽出时不会挂坏她已经穿了十几天的连裤袜。

这时的她，浑身松软，腿又弯又绵，没有一点力气。她静静地趴着，呼吸急促，尽情吸收着来自遥远的太阳的能量，等待着时机。过了好一会儿，她感到自己的身体渐渐有了知觉，就先动了一下前腿，又试了一下后腿，忽然发现自己的腿长了一些，有点不太习惯。如是几次，才适应了属于自己的新身。她休息了一会，感觉身体稍硬一些了，便站起来，脊背用力一挺，用尽浑身的力气把尾巴从壳里全部拉了出来，一只换了新装的小荚终于惊艳亮相了。

那只白色的旧壳，依然靠空空的爪子挂在草秆上，随风摇动，似乎在一遍遍讲述着生命轮回的传奇。

这一次蜕变，小荚获得了新生，也耗尽了她前一段时间积蓄的体能。她感到了前所未有的虚空和轻松，像一个刚刚出浴的美人，尽情地欣赏着自己嫩绿的身体。她发现自己腹部比以前修长了，身体丰腴了，特别是胸间短短的三角形翅芽，束在腰间，像少女的超短裙，充满了青春的朝气。休息了一会儿，她便向上爬去，一直爬

▲ 与环境融为一体的梢末夹

到稗草耷拉着的穗子上才停了下来。她贪婪地呼吸着周围的新鲜空气，头和胸部不断地做扩张运动，让体形慢慢膨大开来，身体的颜色由浅变深，表面逐渐变硬。2小时之后，小荚才慢慢地吃起了鲜草。

趁小荚吃饭的工夫，插播一下小荚和小板的食性。

他们在三龄前食量比较小，四龄后食量明显增加。因为每一次蜕皮包括最后的羽化，都要消耗大量的能量，所以在蜕皮和羽化前后都有暴食现象。一般上午8~10点，下午4~6点是他们的开饭时间，中午天气太热，需要休息。如果天气过于闷热，他们就改在早上和晚上吃两顿饭，阴雨天，草上水太多，不合胃口，他们宁愿饿着。和其他蚂蚱相比，他们是最不挑食的主，谷子、水稻、小麦、玉米、地瓜、豆子、高粱一概不拒，稗草、马唐草、谷莠子等也可大快朵颐。

▲ 不挑食的蚂蚱

但你把庄稼列在我们蚂蚱爱吃的食物之前，我又不服了，这说明了你的倾向性，总是以你的利益为标准来衡量其他生命的对错，还是拿我们当害虫看。庄稼是有了你之后才被驯化出来的，比如稗草又叫野麦子，本是小麦的祖先，在没有你之前，没有庄稼之前，早就存在了。你让稗草变成了小麦，夺去了本属于我们的口粮，我让孩子们去吃上两口还不应该？

不和你较真了，继续讲小苿和小板的幸福生活吧。

"亲爱的，你果然更漂亮了。"原来，小板没有爬远，就在附近稗草的叶子底下一直守护着她。因为他知道，蜕皮时的蚂蚱最虚弱，如果受到攻击毫无反抗能力。

小苿内心充满了感动，连忙爬过去，和小板头对头，把两根剑状的触角贴到小板的触角上，轻轻缠绵起来。

你知道小苿为什么要蜕皮吗？因为小苿的身体外面包着的是外骨骼，而外骨骼是固化的，不能随着小苿的成长而长大，所以只有蜕掉外骨骼的限制，小苿才能长大。小苿的一生要经历6次痛苦的蜕变，才能变成一个美丽的大姑娘，展翅飞翔。其中前5次蜕皮间隔一般在12～15天，第六次间隔的时间比较长，一般是18天，整个蝗蝻的生活期在86天左右。

恋 爱

时令到了8月中旬。

小苿和小板经历了第六次蜕皮，都长出了美丽的翅膀。他们的前翅硬而厚，像屋脊一样覆盖着身体最柔软的部分，前后浑然一色，既成了自己的掩护色，也保护着后翅不受伤害。

清晨，太阳从红绣河的东方又一次缓缓升起，欣慰地巡视着这片醒来的土地。

牛筋草扁圆柱形的茎在春天的时候低调地散开在地面上，形成一个中间凹、周围高的圆盘，似乎想装尽这无边的春色。到了需

▲ 益母草

要总结的季节，她不再浪漫，向天抽出了一根
根高秆，准备在秋风中舞动她的曼妙花姿。四
棱茎的益母草，茎上直接生出的绿叶像一个个
手掌，伸向无垠的蓝天，感谢上天赐予她生命。
茎的节间是一圈圈紫色的小花，那是孩子们簇
拥在母亲的周围。一蔓栝楼亲切地把两棵芦苇
抱在了一起，弯弯曲曲向上盘桓的情意，缠缠
绵绵，丝丝缕缕，一个纺锤形的绿色果实搭在
一片苇叶的基部，像一个调皮的女孩，歪着头，
满脸幸福地依靠在苇秆挺拔的胸脯上……

　　经过了一夜朦胧的雾的柔情蜜意，所有植
物的叶子情绪滋润，情感饱满，叶尖上那一颗
颗亮晶晶的眼睛在不停地眨呀眨，不经意间已

经出卖了心中的幸福。

　　阳光轻柔地挥了挥手，做了一个晚上继续的手势，那些小眼睛瞬间就没了踪影。一株株植物也像一个个男子汉一样严肃起来，挺直了身板，准备比赛今天要达到的高度。

　　藏在草叶底下睡觉的小板翅膀上的露水也干了，身体暖和了许多。他抖了抖翅膀，伸了伸懒腰，眼神也活泛起来。

　　"亲爱的，吃早餐吧？"小板活动多，总是饿得快。

　　这是小荚长出翅膀后的第10天。

　　"最近我饭量越来越大，越吃越勤，简直变成一个吃货了。如果我胖了，你还会像以前一样爱我吗？"小荚似乎忧心忡忡。

　　"哎呀，亲爱的荚荚，人家说过多少次了，我就喜欢你的丰满，看着多性感啊。

▲ 不同颜色的短额负蝗交配

▲ 思考蝗生

再说，太瘦的蚂蚱生的孩子肯定不健壮，我还看不上呢。"小板爬过去，和小英脸对脸，用头顶的触角温柔地抚摸着小英的触角。

小英心中的一点点忧虑顿时被小板的万般柔情化解。

"不管胖瘦了，想吃就吃，想玩就玩，做一个真实的蚂蚱。"小英似乎下定了决心。

"哎，这就对了，已经到了季节，时间已经吃紧，我们得抓紧吃了。草叶上的雾水已经干了，上！"小板说完，来了一个漂亮的旱地拔葱，"嗖"地一下蹿到了高高的谷莠子上，前爪抓住一片长长的叶片荡起了秋千。

小英看着小板潇洒而健壮的身影，心里甜蜜蜜的。

她没有小板那么利索的身形，就蹦到一片荩草丛里，低头美美地吃起来。

到了中午，天热了起来，众植物也被晒得无精打采，一个个耷拉着头，昏昏欲睡。

小英又吃得肚子滚滚圆，和小板来到一棵苘麻底下休息起来。

正值苘麻青春灿烂的年华，高高的茎顶天立地，是那遮风挡雨的男人；错落的枝稀疏有序，是一个巧手女人精心打理的日子；心形的大叶片层层叠叠，隐藏着欲说还休的故事；茎和叶的连接处挑出朵朵黄花，是她幸福的微笑。

在苘麻搭起的阴凉里，小英依偎在小板身边，默默地出神了。

"你又怎么了？亲爱的？"自从长出了翅膀，小板明显感觉小英变了许多，心思不再像蹦蹦跳跳时那么单纯，像云像雾又像风，阴一阵晴一阵，让他琢磨不透。

变化的还有小英的身体。以前大家没长翅膀的时候，模样都差不多，两人一起玩，只是要好的朋友。现在小英的身材越来越丰满，自己的身材越来越苗条。小板对那未知的世界充满了向往，心中越来越喜欢和小英待在一起。

小板就这样在幸福和苦恼中成长着。

见小英没有回答，小板轻轻爬过去，身子紧紧贴住小英，头故意一歪，触角又碰在了一起。

"我们如果永远这样在一起该多好。"小英幽幽地叹了一口气。

"我们现在不是在一起吗？"小板越发不明白了。

"枯萎总在美丽后，凋零皆因太繁华……"小英望着远方，眼神却一片空洞，似乎是在喃喃自语。

"你快成了多愁善感的女诗人了。别想那么多了，你看看我能飞多远。"男孩子的心总是简单。

▲狗尾巴草上的呱哒板子

▲登高望远

"别飞了，大家都休息了。"小英阻止道。

"没事，只要你开心。"话音刚落，小板猛然向后一蹬，扬起的沙粒还在扩散，粉红的后翅已经展开，"哒哒哒"的声音响彻寂静的原野上空。

小英幸福地笑了，她喜欢小板乐观向上的性格，欣赏他健壮修长的身材。如果和他结婚，肯定能生出许多健壮的小宝宝……

想到这里，小英脸红了。

她这时盼着小板能快点回到她的身边，幸福地依偎在一起，享受属于两个蚂蚱的甜蜜时光。

　　可是奇怪，平时小板总是飞一圈就转回她的身边，今天却迟迟听不到由远而近的"哒哒"声。

　　她坐卧不安，脑子里禁不住胡思乱想。

　　小板那么帅气，会不会让哪个漂亮蚂蚱追上了？所有的女蚂蚱都想和最健壮的男蚂蚱谈恋爱，是为了给后代留下健壮的基因，这一点，她很清楚，也不敢破坏有利于蚂蚱大家族的家规。可是小板一直和自己好，对其他女蚂蚱的媚眼视而不见，应该不是那种太随意的蚂蚱。

　　现在是燕子的捕食旺季，她们正在育雏，天天像疯了一样到处捉飞舞的昆虫喂那几个似乎永远吃不饱的孩子。

　　她不敢再往下想了。

　　小荚爬到了苘麻顶叶上，眺望着远方，原野上空静悄悄的，没有一点动静，倒是看见旁边有一对姑娘正在大秀恩爱。

▲ 秀恩爱的姑娘

她心烦意乱地下到草地上，又不敢飞远，怕小板回来找不到她。

第一次，她感觉到，小板不在身边，心里竟然空空荡荡的。

太阳偏西的时候，她终于听到了那熟悉的"哒哒"声，还没等她起身，"唰"地一声，满头大汗的小板落到了她身边的草丛里。

"你到哪里去了，怎么才回来，急死我了。"小英埋怨道。

"我到河边去了。"小板一边回答一边急急地啃起了草，看来是又饿又渴。

"那么远，你到河边干什么？"小英又心痛，又不解。她只知道河边住着一个庞大的油蚂蚱家族，但平时素无来往。

"这几天中午和晚上，我飞起来后，经常看见秋油领着他的一大群蚂蚱在河的上空盘旋，感到比较奇怪。刚才我飞起来后，又看见了，就过去问了问。"吃了一会儿草，小板也缓过气来了。

"他们要干什么？"小英内心其实并不是很关心。

"远走高飞！"小板将目光投向远方，似乎有所期待。

小英知道小板志向高远，比自己喜欢飞翔，她也喜欢看小板飞翔。每当小板飞在空中时，那对粉红色的内翅像一条彩练在蓝天白云下，在碧绿的草地上挥舞。还有那伴随着的"哒哒哒"清脆的响声，是其他蚂蚱没有的，每一响都回荡在她的心里，让她陶醉。她也问过小板，怎么才能发出那动听迷人的声音，小板说飞翔时用后翅和后腿摩擦，就能奏出美妙的乐章。

她也幻想有一天飞起来时，能发出动听的声响，也曾用翅膀和大腿练过，却始终不得要领。

小板见她有些垂头丧气，便笑着说："有我响给你听就行了，你不用练了，有差别才能互相欣赏，就像我很苗条，喜欢丰满的你一样。"

"坏。"小英假装生气，蹦起来就要用后腿蹬小板。

"哒哒哒"，没等小英近身，小板一个潇洒的跳跃式起飞，粉红色的身影又盘旋在了半空。

"他们准备飞到什么地方去？"小英的思路又回到了眼前。

"他们自己也说不上来。"小板喃喃地说，"但我好佩服他们的勇气，外面的世界很精彩，到远方去看看，多刺激啊。"小板一副向往的神情。

"我们和秋油他们不一样，他们到哪里都是成群结队活动，飞得高，飞得远，也容易招惹是非。"见小板没有吭声，小英继续开导，"他们一年生两次，孩子那么多，不飞也不行，一个地方草不够吃的。我们一年只生一次，飞不高，也跌不着，安安稳稳在一个地方过日子多好。"小英可不想让小板这个帅哥从身边飞走。

小英红着脸用触角捅了捅小板："你看看旁边这一对姑娘，多幸福啊。他们从不张扬，长的身子也小，颜色和草叶一样。虽然他们是最不起眼的蚂蚱，但根据我的观

▲牛筋草上的姑娘夫妇

察，他们很有内涵，可能深通黄老的'清静无为'之术，也许在我们家族中能走得最远。还有我们的老大蹬倒山，邻居土蚂蚱，不一直生活在这里好好的？"

"亲爱的，你什么时候又从诗人变成思想家了？姑娘现在可正在做爱呢。"小板觍着脸笑道。

"啊呀，你好坏，不害羞。"小荬低下头，随即转过了身。

小板早已按捺不住，他轻轻地溜到了小荬的身后，慢慢地爬到了小荬的背上。他用两条前足搂住小荬的脖子，用两条中足搂住小荬的肚子，把自己的两个触角前伸，去抚摸小荬的两个触角。

小荬感觉全身都被小板温情的动作融化了，情不自禁地用触角回应着小板的爱意，缠绵在一起。

小板的肚子渐渐地变长，弯曲着伸到了小荬的肚子旁，小荬无法拒绝这爱的诱惑，也把自己的肚子弯起，颤巍巍地靠过来。

终于，爱的引力把上下两条尾尖紧紧结合在了一起。

可能因为体型大的缘故吧，小荬和小板做爱时间比其他蚂蚱短得多，有时仅仅几分钟，最长也就2小时。

从此以后，小板不再向往秋油那远走高飞的生活，天天安心陪伴着小荬。

第一次做爱后的第16天，小荬感觉自己的肚子胀得厉害，知道卵块成熟了。她选了片向阳的坡面，产下了自己的第一窝孩子。

梢末夹喜欢在道边、堤岸、沟渠、地埂等处产卵，植被覆盖率要求在5%～33%，草太茂密的地方她不会进去。

蚂蚱有故事

第三章

二代飞蝗的故事

▲ 哪里不服

与小板、小荚这些土著蚂蚱喜欢和人相近不同，夏油、夏菲属于东亚飞蝗，最怕惊，他们生活在离人较远的河滩上，是第二代飞蝗。

群 居

红绣河边杂生着夏油、夏菲喜欢吃的芦苇、荻草、稗草、茅草、莎草、狗牙根等，对于双子叶植物像大豆、花生、地瓜、棉花等他们平时并不感兴趣。

20多天过去了，夏油和夏菲都已经蜕了4次皮，每蜕1次皮增加1龄。他们的颜色一龄时为灰褐色，二龄时为黑灰色，三龄时为黑色，头部出现了红褐色。到了四龄，头部已经全部变成了红褐色，他们的体形越来越大，腹部两边的翅芽也越发明显。

同时变化的还有触角。一龄夏油的触角节数只有13～14节，以后每蜕1次皮就会增加几节，到了五龄时，触节已是高高扬起，达24～25节。触角对他是非常重要的感觉器官，每个节上都长有几种不同类型、不同作用的毛，这些毛就是感觉器。毛的表面开着许多小孔，可以捕捉到空气中的化学物质。毛的根部也有许多小孔，主要起感触作用。

夏油属于群居型飞蝗，他还有一个叔伯兄弟，叫散居型飞蝗，和当地的土著蚂蚱习惯差不多，喜欢自由散漫，不跟随大部队集中行动。散居型飞蝗触角上感觉器的数量比群居型的多，可能是他们更需要远距离的交流和更好地保护自己演化而来的吧。

20多天，对你来说可能就是回头的功夫，甚至没看清时光的背影，而对于我们蚂蚱，却是一次次刻骨铭心，冒着生命危险的脱胎换骨。

早晨，无私的太阳用光和热巡视着大地的每一个角落，不遗忘每一根草，每一片叶，不因为草的高矮、叶子的大小而有所偏爱。太阳的热情和公平激发了大地上绿色植物的创造力和活力，每个生命都变成了天才的艺术家。他们充分发挥自己的奇思妙想，不抄袭，不雷同，把身体的叶子长成披针形、卵形、圆心形、缺刻形、椭

▲清晨的油蚂蚱

▲ 太阳出来了

圆形、狭长形来填补这个世界的空缺。他们的茎或匍匐在地，蔓延四周，背靠土地，仰望蓝天；或一秆独秀，亭亭玉立，栉风沐雨，傲视群雄；或旁逸斜出，高低错落，左右顾盼，上下呼应，来丰富这个世界的层次。他们的花或娇黄，或大红，或深紫，或浅粉，或纯白，还有的各色并用，浓妆淡抹，来改变这个世界的颜色。他们的种子或央物带走，或随风飘落，或自身爆裂，或逐水而去，以求把生命传播到未知的远方。他们相互依存，相互协调，相互竞争，却极少企图占有和消灭对方。

　　大地皮肤上附着的这些神奇的精灵，他们从几亿年甚至十几亿年的时光中从容走来，他们缜密的心思哲学家猜不到，他们巧妙的造型科学家算不出，他们飘逸的外表画家画不像。

　　你常说，艺术来源于生活而高于生活，而我要说，生活永远高于艺术，艺术所能描绘的世界不过是沧海一粟罢了。

这些在你眼里的所谓野草，你可能连正眼都难得瞧上一眼，绝大多数也叫不上名字来。可就是他们，这些熟视到无睹的绿色，凭借惊人的智慧和复杂的程序，将太阳的能量转化为自己的生命，又将自己的生命无私地奉献给养育她们的这片土地，养活着众多的生命。

阳光呵走了草叶上的露珠，也温暖了夏油和夏菲的身体，他们又闲不住了。

"开早饭喽——"夏油淘气地高喊一声，率先麻利地爬到了一根荻草上。

夏菲也不示弱，连爬带蹦，站到了一片长长的苇叶上。

和蹬倒山、梢末夹、土蚂蚱、姑娘这些土著的自由散漫不同，夏油和夏菲是群居型蚂蚱，自始至终喜欢集体活动。一龄时，他们常常聚集在植物上，二龄以上开始喜欢凑堆，年龄越大，凑堆的次数越多，群体越大，就像你喜欢召开会议一样。一天中，太阳出来

▲ 休息片刻

后一小时便开始集合，先是由几个积极分子带头，几十个蚂蚱汇合成一小片，然后各小片又陆续聚合成一大片。蚂蚱都喜欢向前凑，多了的时候还会出现拥挤重叠。

蚂蚱也不是随时都开会，也是分时间、条件的。晚上绝对要保证休息时间，阴雨天也不集合，晴天如果温度降到16℃以下，他们也懒得凑热闹。

迁 移

夏油的兄弟姐妹也争先恐后地爬上芦苇，"唰唰唰"地比赛一般大吃起来。不大一会儿，很多芦苇叶出现了缺口。

吃得差不多了，夏油停了下来："夏菲，我们换个地方玩吧，这里的叶子不新鲜了。"

"好啊！"夏菲一跳到了地面上。

夏菲落脚未稳，突然发现身边有一个绿色的庞然大物，瞪着一双铜铃似的大眼睛，瞄准了上面一个只顾低头吃草的小伙伴。

▲狗尾巴草上的姑娘

▲胶河"草原"

"有青蛙——"夏菲的惊叫刚起，只见那青蛙突然张开血盆大嘴，嘴里瞬间弹出一条长长的舌，一眨眼就把芦苇叶上的小伙伴拉进自己的嘴里。

"大家快跑！"夏油大声喊道。

夏油迅速瞥了一眼天空，知道太阳还在东方，便向东南方向蹦去。

开始只有夏菲和几十个小伙伴跟随，很快，一队队蚂蚱从芦苇丛中跳出来，陆续加入迁移的队伍，逐渐形成了一个庞大的蚂蚱军团，黑压压地向前蠕动，阵容整齐，气势磅礴。

蚂蚱群来到水边，带头的夏油毫不犹豫地跳进水里。

只见他昂首挺胸，利用后腿划水纵身前进，前胸的一对气孔始终露在水上，用来呼吸。

其他蚂蚱见状，也纷纷效仿，一只接一只跳进水里，前呼后拥，竞相渡河，河面上漂浮着一大片密密麻麻的黑点。

▲黄昏时的姑娘

　　夏菲来到水边，却不敢下水。前爪一次次试探，望望河中湍急的流水，又一次次缩了回来。

　　"快下！"后面的蚂蚱越拥越多，挤成了一大团，把夏菲等压到了下面。

　　"你们抱成球滚过河——"夏菲隐隐听到夏油在河中着急地大喊。

　　夏菲顿时心领神会，连忙摸索着抓紧了身边小伙伴的手。手手相连，一个蚂蚱球迅速在河边结成，大家齐心协力，浮在水面上慢慢向河中滚去。

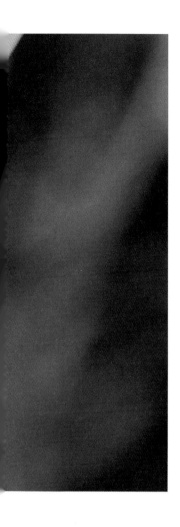

夏菲一会儿看到了蓝天，一会儿又到了水面，天旋地转的速度越来越快。

"太刺激了！""好爽啊！"正在凫水的蚂蚱冲着她们兴奋地连连大叫。

看到孩子们无师自通的壮举，我感到非常自豪。看看你们，只要有水的河边、沟边、水库边，不管深浅，都要插上个"水深危险，严禁进入"的牌子。生命是从水中起源的，喜欢水是所有生命的本性，怎么能简单地一禁了之呢？难道你就不能先教会孩子游泳？我们的孩子三龄时就能在水中持续游7小时以上，到了五龄时则能游13~28小时。怎么样？你又傻眼了吧？

再说说我们的迁移方向，也不是随随便便的。水是生命的源泉，太阳则是能量的源泉，我们的迁移方向自然与太阳密切相关。我们一般不直接对着太阳走，喜欢和太阳光线形成一定夹角。早晨，我们一般向东南方向前进，下午则向西北转移。遇到大风时顺风移动，遇到小风则逆风而行。其中的原因，属于我们家族的秘密，不能告诉你。

夏油到了河东，爬上岸去，抖了抖身上的水，回过头来，望着河边。

河面上，漂浮着一片蚂蚱，正在用后腿一蹬一蹬地奋力向前。也有几个蚂蚱球，正翻滚着向岸边靠近，速度比单个渡河的蚂蚱快了许多。

载着夏菲的蚂蚱球率先过来了。一到岸边，蚂蚱球便坍塌下来。小伙伴们过河时太兴奋，用劲太猛，已经消耗尽了体力，身上又沾了水，一个个步履沉重，气喘吁吁地爬上岸来。

夏油连忙迎上前去，用两只触须轻轻碰了碰夏菲的触须，表示慰问。夏菲感受到了来自夏油的关怀，也用触须回应了几下，便随着夏油潜入芦苇丛中休息起来。

▲ 抓紧，别松手

▲ 静静的油蚂蚱

吃着鲜嫩的苇叶和青草，夏油和夏菲迅速长个，饭量也越来越大，尽管是草木最旺盛的夏季，草叶也被吃得逐渐稀疏，争食现象又开始出现。

难道夏季还要远距离迁移吗？我心中无底了。

劫 难

几天后，大自然给出了答案。

那是一个闷热的夏夜，所有的蚂蚱都烦躁不安，睡不着觉，预感将有什么灾难降临。

半夜，一闪一闪的光亮在远方的地平线跳跃，随后，"隆隆隆"的闷雷声不断传来。闪电越来越近，雷声越来越响，正当孩子们战战兢兢的时候，电闪雷鸣突然停止了，天地死一般的寂静。黑暗中，我似乎能听到孩子们的心跳。

"唰唰唰"，一阵清风掠过草梢，一解刚才的湿闷，孩子们全身顿时凉爽，他们手舞足蹈，正要欢呼雀跃，只听得"噼哩啪啦"，一个个大雨点子斜斜地砸了下来，猝不及防，有几个身材瘦弱的孩子立即被砸晕在地。

蚂蚱群马上慌作一团。有的蚂蚱拼命往高处蹦，有的蚂蚱在草丛间跳来跳去，寻找更高、更结实的草棵，绝大部分蚂蚱已经茫然不知所措，紧紧抱住怀中的茎秆，祈求上天的眷顾。

上天自有安排。

不一会儿，清风变成了狂风，雨点化为了雨线。茫茫的夜空中，旋转的狂风卷着雨线，如同拧成的千万条鞭子，伴随着"呜呜"的吼叫，狂躁地、反复地抽打着这片荒原上的生命。

第一次，我感觉到了深深的恐惧：蚂蚱的末日难道来临了吗？

蚂蚱尽管会游泳，但也怕水，水不但能降低我们的体温，一旦肚子两边所有的气孔被水堵住，必死无疑。

翌日，风停雨住，当太阳照常升起的时候，我才看清了蚂蚱王国的全貌。

水面上涨，压缩了蚂蚱的领地，原野到处湿漉漉的，一片狼藉，有的地方还有小股流水。到处是被打碎的草叶，横陈的蚂蚱尸体，有的已随水漂去。

太阳继续上升，温度渐渐升高，草叶上的水终于干了。慢慢地，一个个蚂蚱陆续出现，重新爬上了草尖。

我知道，劫后余生的生命或者是聪明的，或者是强壮的，这正是繁殖后代的好苗子。

冥冥的宇宙深处，似乎有一架神秘的时钟，在从容不迫、分毫不差地安排着各种生命的节点。

羽 化

时光到了6月下旬。

猛吃了几天新鲜的芦苇之后，夏油又感觉身体有些发紧，情绪有些烦躁。他在地上一次次高高跃起，又一次次重重落下，心中第一次有了想飞的冲动，经验告诉他，蜕皮的时间又到了。这是他的第五次蜕皮，也是最后一次蜕皮，更是他生命中最不寻

▲ 玉米秆上的油蚂蚱

▲一只特殊的品种

常的一次。

　　接近中午时分，阳光火辣辣地直射而下，取食的鸟儿、青蛙都躲到树荫、草丛里去了，旷野一片寂静。

　　这正是夏油等待的时机。他爬上一棵粗壮的芦苇，在一片宽大的叶子下面停了下来，他前后左右看了看，确信是个比较隐蔽的地方，就像前几次那样，熟练地把身体倒挂下来。

　　因为有了经验，他很顺利地把柔软的身体从旧壳里抽了出来，但这次他感觉不一样。以前身体出来后，腹部的两对翅芽还会紧贴着，现在翅膀抽了出来，软软地倒垂着，几乎耷拉到他的头上。他连忙转过身体，头重新向上，翅膀自然顺到了后面。他用肚子吸入

▲ 地瓜叶上的姑娘

大量新鲜空气，运用气功把体液逼入翅膀，刚才还显肥厚的翅膀慢慢舒展开来，宽松地悬垂在身体下面。这时他的翅膀是白色的，几乎透明。他先将后翅转移到前翅的下面，等两对翅膀全部打开后，他用后脚轻轻拨弄后翅，让一对后翅逐渐叠在肚子两边，前翅则像屋脊一样覆盖在后翅上，但还松松垮垮。他像一个技艺高超又精益求精的工匠，用后脚夹紧前翅，使一对前翅向中间并拢。大自然也配合得天衣无缝，在热量与空气的帮助下，他的翅膀与身体表面逐渐硬化，颜色由浅变深。半分钟左右，夏油即完成了由跳跃向飞翔的转变。

"薄如蝉翼"，就是指蝉刚蜕出皮时娇嫩透明的翅膀，和我们蚂蚱刚出来的翅膀一样。但蝉蜕皮时是用爪子扒在树皮上，头朝上，只有蚂蚱是一次次拿大顶，这是我们独有的智慧。

有的昆虫一生要经历卵、幼虫、蛹和成虫四个阶段，像蝴蝶，叫作完全变态，而我们蚂蚱一生只经历卵、幼虫和成虫三个阶段，叫作不完全变态。

一次次痛苦带来一次次飞跃，一次次柔软变为一次次坚强，一次次的挣脱收获的是一次次成熟，我们在短短的时光里演唱着一首首生命之歌。

夏油晃动着翅膀在小伙伴中间爬来蹦去，神情掩饰不住的得意，引来众蚂蚱一片羡慕的眼光。夏菲看见了，独自躲到一棵红蓼的阴影下暗暗伤心。

"你怎么了？"夏油一蹦很远地跳了起来，兴奋劲还洋溢在脸上。

"你长出翅膀了，人家还没有，今后是不是不和我玩了？"小姑娘总是比男孩子心机重。

"怎么会呢？我们会永远在一起。再说，你很快也会长出美丽的翅膀的。"

"是吗？"夏菲破涕为笑了，"你答应永远爱我？可是，那么多美女都用欣赏的眼光望着你……"对于晚两天长翅膀，夏菲心里其实并不介意，因为女蚂蚱的成熟都比男蚂蚱来得晚两天。

"我发誓！"夏油说着挺直了触须，仰起了头，举起了右前腿。

"不用发誓，我当然相信你。"夏菲一蹦上前，和夏油脸对脸，伸出两根触须耳鬓厮磨了一阵，最后嫣然一笑，"走，我们吃草去，我饿了。"

果然，两天以后，夏菲也完成了由蝗蛹向成虫的蜕变，披上了一身美丽的外衣，宛若一个待嫁的新娘。

▲ 土蚂蚱

飞 翔

5天后的一个上午，夏油和夏菲趴在高高的芦苇上吃了一会叶子后，夏菲又陷入了沉思。

"你又怎么了？"夏油感觉夏菲的心事越来越多，越来越难以琢磨。

"我长出翅膀3天了，你已经长出5天了，我们什么时候才能一起飞翔？"夏菲抬头望着天上的白云发呆。

"快了吧？"夏油的心情倒没有那么迫切。

"你是男子汉，长出翅膀早，要不你先试试？"夏菲眼含期待地说。

夏油望了望夏菲水汪汪的大眼睛，读懂了那里面满满的鼓励、希望，更有深深的爱意。

夏油勇气大增。他已经感觉到自己的翅膀越来越硬，挥动越来越有力，是到了飞翔的时候了。

夏油望了望蓝天，深邃而遥远，那里有他未来的故乡。远翔，是他的使命，也是

▲准备起飞

他的宿命。

夏油看了看眼前，稀疏的芦苇之间，绿草茵茵，像一块厚厚的地毯绵延到远方。

他定了定神，张开触须，站起身子，用力地振动翅膀，后腿猛地一蹬，4个翅膀一齐扇动便斜飞了下去，只剩下苇叶还在摇晃。

夏菲站在芦苇上，看到夏油潇洒地飞出了一条弧线，便高兴地大叫："飞起来了，夏油飞起来了！"

快落地的时候，夏油听到了夏菲发自内心的欢呼，心情一激动，没有收住脚，一个前扑，狼狈地栽进了草丛里。

他迅速调整好身体姿势，从草丛里探出头来，接受小伙伴们的祝贺。

他成了第一个飞起来的蚂蚱，成了这个家族的英雄。

其他蚂蚱见状，也不甘落后，一个个爬到高高的芦苇上扇动翅膀向下俯冲，回头再爬上芦苇，再向下俯冲。还有的直接在草地上展翅，努力起飞。一时间，草地上蚂蚱飞舞，一派兴旺景象。

傍晚，夏油吃饱后就待在了芦苇秆上，把翅膀张开"噼哩啪啦"来回扇动，锻炼翅膀基部的肌肉。练习飞翔了一天，他就发现自己老飞不远，而翅膀无力是主要原因。

夏菲在一边，也学着夏油的样子进行振翅练习，其他蚂蚱也纷纷效仿。每根芦苇上都趴着几只蚂蚱在挥舞翅膀，整个芦苇丛被搅动起来，翅膀闪烁，连成一片，令人眼花缭乱，"呼啦呼啦"的声音传出很远。

第二天早晨，当太阳的热量晒干了夏菲的翅膀，她便迫不及待地爬上了一棵高高的芦苇，又爬到一片横向伸展的长长的叶梢上。

夏油知道她今天要做第一次飞行，便紧紧跟在后面。

夏菲望了望下面，心还是有些忐忑。

"别怕，相信自己，相信明天，相信远方的地平线，何况还有我在一旁保护你。"夏油说出的话就像歌词。

夏菲知道周围有女蚂蚱羡慕嫉妒恨的眼光，心想：我也要第一个飞给你们看看！她自豪地挺起胸，略带夸张地拍打开翅膀，前身抬起，后腿优雅地用力一蹬，"扑啦啦"地向下飞去。

夏油不敢怠慢，连忙跟着飞了下去。

夏菲在空中始终注意保持动作的优美，落地时只是顿了一下，没有像夏油那样倒栽葱。夏油则稳稳地落在了夏菲身边。

"成功啦！"夏油用触须轻抚夏菲，向她表示祝贺。

以后的几天，夏油和夏菲开始形影不离，除了取食，便在一起飞翔，越飞越高，越飞越远。

生 产

一天晴空的傍晚，趴在芦苇秆上1小时的振翅练习结束后，夏油感到意犹未尽，用触须碰了碰夏菲，他们一起来到一片宽大的苇叶上。

夏油和夏菲脸对着脸，轻轻挥动触须，长时间缠绵起来。那触须上的感觉像电流一阵，互相陶醉着对方的身体。

"亲爱的，天上月圆如镜，原野朦胧似纱，这是一个多么浪漫的夜晚，我们结婚吧。"夏油在夏菲耳边温温软软地说。

夏菲低着头，没有作声。

夏油悄悄地溜到夏菲后面，轻轻地爬到了夏菲身上。他用前足和中足紧紧抱住夏菲的前半身，后腿收起并拢放在夏菲的背上，尾部用力伸长，弯曲向下从侧面绕过夏菲长长的翅膀寻找夏菲的尾部。夏菲感受到了来自背上强烈的男性气息，不由自主地伸出尾部向夏油的尾部靠近。

月光如水，轻雾似梦，小河似乎也停止了流淌，不忍心打扰这对繁殖生命的恋人。

夏油和夏菲做爱的时间很长，一般可持续4～5小时，他们的小伙伴甚至可达16～18小时，这可是你望尘莫及的哦。

7月上旬的一天中午，炙热的太阳烘烤着大地，夏菲看到夏油躲在一丛牛筋草里昏昏欲睡，便独自拖着肥大的肚子向外爬去，她要生产了。

　　她选择了一块向阳的坡地，这里地势比较高，即使河里涨水也淹不上来。地上草被比较稀疏，便于卵孩吸收来自太阳的热量，除了孩子们将来喜欢吃的芦苇，周围还有马绊秧、茅草、狗牙草、荻、苫草等，可以随便选择口味。

　　她用尾巴先探了一下地方，感觉土质太松，下雨后容易灌水进去，换了第二个地方继续下探，这次下面太结实，尾巴插不下去。她毫不气馁，又爬到第三个地方，抬高尾巴，用尾部两对坚硬的生殖瓣向下扎去。她感觉虽然表面土质有点硬，但下面传来的湿气表明这里适合她的孩子生长。

　　夏菲没有再犹豫，把全身的力气聚在肚子上，然后用肚子的尾部一下一下向下插，

▲ 准备产卵的油蚂蚱

肚子一点点没入到土中。由于她肚子的伸缩性很强,生殖时腹部4~5节、5~6节和6~7节的节间膜可延伸10~12厘米,整个腹部延伸后是平时的3~8倍,所以夏菲可以将卵孩产在比较深的土层中。当然,夏菲的产卵深度也和土壤中的水分有关,如果她感觉下面比较潮湿,就把卵产浅一些,如果感觉下面比较干燥就产深一些。这些都要根据客观情况随机应变,所有的目的只有一个:保证后代健康出生。

夏菲的腹部长有1对卵巢,每个卵巢中都有几十根甚至100多根卵巢小管。卵巢小管通过体液吸收卵黄蛋白质来生成卵,卵生成后卵巢小管内的滤泡细胞会形成卵壳,这样,就形成了一个完整的卵。卵壳上有用于透气和吸水的微小的孔洞,从周围吸收补充胚胎发育所必需的水分。

你看看,我们蚂蚱是不是非常神奇啊?生命是不是非常神奇啊?你可能注意到了,生成卵的物质是蛋白质,不错,这也许就是生命的原点。36亿年前,地球上合成了第一个蛋白质,我和你包括地球上所有的生命,都是从这同一个蛋白质上繁衍而来的,只不过后来选择了不同的进化道路。

不扯远了,我们继续看夏菲产卵。

夏菲卵巢小管内的卵会在输卵管中聚集起来形成卵块,这时候,她身体内的一种腺体也出场帮忙,分泌出一种液体覆盖在卵的表面,既防止卵变干燥,又有抗菌作用。

夏菲将70~100粒卵一次生产出来。她产卵的同时尾部开始分泌一种胶液,待卵块全部产出后,再分泌大量胶液,将产卵孔完全封闭。由于产卵时她的生殖瓣不断开合,致使黏稠的胶液产生大量气泡变成泡沫,卵块就被泡沫包在里面,形成卵体部分。夏菲再在卵体的上面涂上大量泡沫状胶液,一开始是黏糊糊的液体,过一会儿就变硬了,塞住了卵块的上部,防止外敌入侵,还能防止卵块干燥,等孩子孵出后,就变成了他们向上的通道。

这已经考虑得非常细致了,夏菲仍不放心,产完卵后,她又强撑着虚弱的身体用后腿拨拉产卵孔附近的土粒,填平小孔,并上去踩踏严实,才放心离开。

产卵的过程,耗费了夏菲一个多小时,而踏土封闭产卵孔的时间则很快,四五秒就完成了。

此后的时间里,夏油和夏菲的任务就是吃食,交配,夏菲还担负着生产的重要任务,因为他们知道,留给他们的日子并不多了。

对了,在这里再给你介绍一下我们蚂蚱的另一项本领,你大概想象不到。有时你

▲ 炯炯有神的大眼睛

们打起架来经常说：有本事你自己生孩子！你是没有这个本事，可我们有。和夏油夏菲交配后生孩子不同，有的女蚂蚱不用和男蚂蚱交配，自己就能生孩子，这叫孤雌生殖，但她们未经受精的卵，生出来的只能是女蚂蚱，也就是说她的后代用了她自己的全部基因。

　　你想想看，地球上最早的生命应该是不分性别的，生命靠分裂来繁殖。孤雌生殖不光在我们身上有，在蚜虫身上最普遍，但基本都是你所说的低等生物。也许他们身上带着一种返祖现象，也许是因为在广袤的天地里，有的动物找对象实在太麻烦，干脆演化成自己解决，也许……如果你有兴趣，自己去研究吧。

　　夏菲每交配1次，可连续产卵几次。夏油和夏菲这一生可交配20～25次，这点比你可少多了哦，可谓失之东隅，收之桑榆。夏菲每隔4～6天就产卵1次，共产卵5～7块，一生可产卵400～600粒。听起来好像数量庞大，其实真正长大成为会飞的蚂蚱并不多，所以我们必须用强大的生殖能力来保证家族的繁衍。

果然，在夏菲产下卵后不久，我们最可怕的敌人飞蝗黑卵蜂就飞了过来，这种蜂似乎是大自然专门为了限制我们的数量而设计的。

她也属于昆虫纲，似乎和我们有亲戚关系，却实实在在是我们的世仇。她属于膜翅目，缘腹细蜂科。这种黑色的小蜂别看个头不大，却十分厉害。

她也不知运用什么高科技手段，很快就发现了夏菲产卵的地方，任凭夏菲当时费尽心机掩盖也无济于事。

发现猎物后，她迅速钻入地下，进到卵块内，并做成一个隧道，便于出入。

她进来的目的，也是为了产卵，却是用夏菲的孩子养活她的孩子，这就叫寄生。就像有些人不劳而获，非常可恶。

她产卵时，先用肚子上的针状产卵器刺探夏菲的孩子，并且反复刺，似乎是想把夏菲的孩子杀死，然后排出一粒她自己的卵。

她这一生可祸害我们2～3块蝗卵，几百个生命就这样无声地消失了。

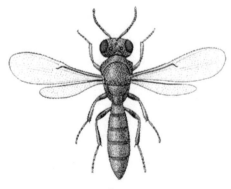

▲ 飞蝗黑卵蜂

▲秋天的小蓬草

二 代

　　油蚂蚱在这里一年能生二代，在夏天长大的叫夏蝗，在秋天长大的自然叫秋蝗了。

　　7月下旬，夏菲和夏油的后代——秋菲、秋油及兄弟姐妹和他们的父母一样，历尽千辛万苦、千难万险，陆续来到了这个世界上。

　　夏菲和夏油的生命只有短短的80天左右。你的生命是以年计，我们的生命是以天算，我们的80天，就相当于你的80年。

　　当草丛里孩子们幼小的身影在跳来跳去的时候，他们的父母已经结伴去了另一个时空。

　　他们没有时间去哺育自己的孩子，他们的孩子也不需要哺育。

　　对于秋菲、秋油及兄弟姐妹来说，自从他们降生到大地里的那一天起，就在和时间赛跑。时间是公平的，它不会同情任何一个弱者。

　　蝗卵经过15～20天的地下生活，便出土成为蝗蝻，不长翅膀的蝗蝻在25～30天的时间里要完成5次蜕皮，才能够在秋日的晴空下尽情翱翔。

且慢，并不是所有的蝗蝻都能等到飞翔的那一天。

秋油、秋菲他们从卵到蝻只有半个月左右的时间，避开了漫长的冬春季节带来的种种不安，似乎是他们的幸运。但当他们快乐地在草丛里跳动的时候，燕子、伯劳、灰斑鸠、小云雀、麻雀、喜鹊等各种鸟类的宝宝也啄开蛋壳，时时张开带有黄边的大嘴，嗷嗷待哺。

他们的父母本身就食量惊人，而长身体时的小家伙似乎没有吃饱的时候，不管上次吃没吃过，只要父母一落到窝边，便同样和兄弟姐妹一起张开大口，"呀呀"地叫着要食。就拿普通燕鸻来说吧，1只小家伙一天能吃90只蝗蝻，如果是姊妹3个，一天就能吃270只！加上他们辛劳的父母，多少只秋油的同伴成了他们的腹中餐？

这就是大自然的精妙安排，一环紧扣一环，不会让任何一环失去控制，就像我们以植物为食，而植物向太阳和大地汲取能量一样。

天 敌

时光转眼到了8月下旬，秋油和秋菲经历了和鸟类惊心动魄的捉迷藏，蜕去了最后一次皮，终于成为会飞的蚂蚱，活动速度的跃升和空间的扩大增加了鸟儿们的捕捉难度。

但他们丝毫不敢掉以轻心，因为更恐怖的一幕还在后面。

一天中午，天气晴好。秋油、秋菲和几个小伙伴闲着无事，商量一起比赛飞翔，看谁飞得最远。

大家先后长出翅膀已经有4天左右，对飞行刚入门，也正是上瘾的时候。

几个小伙伴在地上排成一线，屏气凝神，后腿弯曲到了极限。

"好帅哦！"看到秋油指挥淡定，颇有大将风度，秋菲心中涌起阵阵甜蜜。

"预备——起飞！"秋油的口令未落，小伙伴们已如离弦之箭，翅膀急速扇动着向前射去。

飞得刚高过草丛，突然斜刺里灰影一闪，还没等大家反应过来，一个小伙伴就感觉翅膀沉重无力，"啊呀"惊叫一声，"吧嗒"摔到了地上。

秋油大叫不好，他知道这个小伙伴被苍蝇盯上了，并且不是一般的苍蝇，而是一种叫作线纹折麻蝇的蚂蚱杀手。

这个小伙伴被麻蝇在空中追上的瞬间，麻蝇就已经准确地在他柔软的后翅上产下了她的孩子——蛆。麻蝇对蚂蚱的这次空中袭击，比你的导弹都稳、准、狠。

这个小伙伴落到地上后，全身难受，不停地扑棱翅膀，发出"哧哧"的声音，6足乱蹬，并用爪子向全身抓挠。目睹这一幕的秋油、秋菲和其他小伙伴早已吓得脸色发白，目瞪口呆，愣愣地瘫坐在地上，不敢再起飞了。

如果说，鸟类对蚂蚱的肉体瞬间消灭让大家无可奈何的话，麻蝇对蚂蚱的精神和肉体双重折磨，则让秋油和秋菲无法忍受，痛不欲生。

蝇蛆，这个身材很细、全身蒙着白衣服的恐怖分子落到蚂蚱的后翅上后，马上就向翅的根部蠕动，在2小时之内，就全部到达了蚂蚱身体比较湿润的翅窝中，有的则爬到了中胸、后胸的交界处。最快的10秒之内就能潜入腹部背面的节间膜之间，5小时内就有一半的蛆钻入了蚂蚱的身体内，12小时后所有的蛆都已不在外面。

▲ 麻蝇

▲秋天的蚂蚱

怎么，你看后是不是也头皮发麻，浑身起鸡皮疙瘩了？

还是硬着头皮向下看吧，否则你怎么知道我们生存的艰难。

一只小小的蚂蚱一旦被麻蝇击中，身上被种的蛆少则2～3头，一般20多头，最多的竟达70多头。

秋油和秋菲难过地围着这个被种了蛆的小伙伴，想前去安慰，又不敢太靠近。只见他就像一个病入膏肓的人躺在草丛里，耷拉着翅膀，触须无力地弯着，不想动弹，不想吃食，眼巴巴地看着青青的草，蓝蓝的天，白白的云。他能感觉到自己体内有多个蝇蛆在搅动、在啃食，却无计可施。秋油能看到他肚子鼓鼓囊囊，有东西在蠕动，似乎听到两边的气孔那虚弱的喘息声，能做的也只有和秋菲面面相觑，连安慰的话都苍白无力。

一个生命，最绝望的莫过于知道了自己的终点，却只能在清醒中无助地等待着那一刻的到来。

蝇蛆们的这种疯狂举动必然会让蚂蚱很快死去，所以他们成长的速度也很快，似乎在和蚂蚱的死神赛跑。他们快的3天，慢的7天就长大、发育成熟了，然后就陆续从蚂蚱身体的颈、胸、腹及腹听器处钻出来，接着钻进土里，1天后就成了蛹，7～15天后，蛹又会化为麻蝇，继续用携带生物武器的巡航导弹袭击我们。

所以被麻蝇种上蛆的蚂蚱最快2天就死亡了，多数在3～5天死亡，最长的也仅维持7天生命。

蚂蚱死了以后，个别没成熟的蛆还可以利用蚂蚱的尸体再活1天。有的蛆甚至成熟了也不入地，直接在蚂蚱尸体内化成了蛹。

小伙伴有的被鸟吃了，有的被麻蝇折磨死了，芦苇和青草的叶子也已残缺不全。

▲ 小蓬草上的少年蹬倒山

▲周反美 摄影

迁 飞

是到了该离开的时候了，秋油暗暗思忖。

"这几天抓紧锻炼飞行能力，我们不要在这里苟且，对于飞蝗来说，我们还有诗和远方！"秋油向整个蚂蚱部队发出了总动员令。

随后的几天，上午、下午大家拼命进食，积蓄身体内的营养和热量。傍晚或群起飞翔1小时，或趴在芦苇棵上做振翅练习1小时，以锻炼翅膀基部肌肉的力量。中午天热，夏油只带领部分伙伴飞到空中10米左右，进行迁飞前的侦察活动，盘旋1小时后再落下。

经过几天的连续练习和观察，秋油看到大家飞行的能力已经越来越强，同时秋菲和她的女伙伴们肚子都大了起来，不能让自己的孩子再生活在这里，飞蝗的遗传密码告诉他，迁飞的时间点来到了。

在秋油长出翅膀后的第九天晚上，晴空，半月，微风，气温升到了30℃以上。

当天傍晚，秋油没有再让大家进行飞行演练。整个蚂蚱群静悄悄地隐伏着，脸上透着兴奋和期待。

▲玉米叶上的蚂蚱

"开始吧。"秋油对秋菲和身边的其他几个伙伴平稳地说道。

话音未落，他后腿一蹬，率先飞到了空中。紧接着，秋菲和其他伙伴纷纷跟了上来。

他们在空中集结成一个编队，一圈圈在蚂蚱群的上空盘旋。多数蚂蚱先是在地面跃跃欲试，然后一个个飞起，争先恐后地加入空中盘旋的队伍。

空中的队伍越来越庞大，密密麻麻，浩浩荡荡，遮盖了星月。秋油已经无法望到边，耳边只听到一片"扑扑扑"急速拍打翅膀的声音。

秋油向下望了望，发现已经没有从地面上起飞的蚂蚱，便带领整个蚂蚱群，连续在上空盘旋了3圈，算是向养育他们的这片土地致敬，然后根据观察好的方向，迎风向西南方向飞去。

蚂蚱群的迁飞，你看着好像很随意，其实我们非常讲究，需要同时具备的条件很多。

因为飞蝗的生殖能力强，并且一年两代，所以迁移扩散是我们固有的行为习性，是上亿年来慢慢形成的，是我们保持种群延续的重要方式。

先说一下迁飞的时间选择。白天可以迁飞，但我们更喜欢晚上，天空晴朗无风或小风的月夜，是最适合我们迁飞的时刻。一般从傍晚7点左右开始，此后的一个多小时是迁飞盛期，以后逐渐减少。到了夜间零时左右则基本不再迁飞。下雨阴天，因为我们的翅膀会受潮，所以也不会迁飞。

再就是迁飞方向。我们的飞行方向与风向直接相关。小风时（3级以下）顶风飞行，逆风向移动，大风时（3级以上）顺风飞行，但我们的头仍然冲着风吹来的方向。当然，如果风过大，比如达到了6级以上，就停止飞行。这样做的目的是让翅膀充分利用风的升力，节省我们的体力。你的飞机顶风起飞，顶风降落，我怀疑就是跟我们学的。

还有迁飞温度。我们要求最合适的迁飞温度是31～34℃，如果温度低于19℃，体温太低，我们不会迁飞，温度如果太高，比如过了40℃，我们也不迁飞。

我们的大部队飞起来后，可连续飞行十几个小时，飞行几百千米甚至上千千米。飞行高度从几十米到几百米，最高的可飞到1千米左右。中间需要就餐或遇到降雨时，我们就停止飞行，降落地面。

能够远距离、大规模迁飞，是我们飞蝗的重要特征，也是和土著蚂蚱们的根本区别。听说英国剑桥大学的最新研究表明，同一个品种的沙漠飞蝗，群居型的大脑比独居型的大许多，并且他们把这项成果发表在英国《皇家学会学报B卷》上，有兴趣你可以去翻翻看。原因可能在于群居型蚂蚱更需要和同伴交流，平时竞争力更大，需要掌握更多的生存技巧。

蚂蚱的迁飞包括蝗蝻的迁移，一旦动起来，那气势可以说是雷霆万钧，排山倒海，遇河游过，遇沟填平，没有力量能阻止我们前进。

不信，我给你摘一段五代十国时期王仁裕所著《玉堂闲话》中的记录："晋天福之末，天下大蝗，连岁不解。行则蔽地，起则蔽天。禾稼草木，赤地无遗。其蝻之盛也，流引无数，甚至浮河越岭，逾池渡堑，如履平地。"

所以我说，蚂蚱的迁飞是一次壮观的集体旅行，是地球生命创造的奇迹，是大自然的英雄史诗。

你又不服了，蚂蚱迁飞形成了蝗灾，给庄稼造成不可估量的损失，甚至严重影响了人的生存，怎么能赞美呢？

那么我要说，当年成吉思汗率十数万铁骑横扫欧亚，屠掠城市，踏平乡村，有人恨之为"黄祸"，还有人赞之为"英雄"，这就是立场和角度不一样。凡事我们就要从多角度考虑问题，才能得出比较客观的结论。

第四章

蚂 蚱 和 人 的 故 事

▲ 一个稀有品种在牛筋草上

一天，小荚和小板正站在高高的小蓬草顶上玩耍，小板眼尖，忽然指着远方说："你看，那边来的是什么动物？"

我也已经发现，远远地，走来了几个人。

我绝对想不到，正是这种两条腿、数量并不多的动物，日后竟然会影响庞大的蚂蚱群的生存。

荒 原 定 居

在冥冥之中，我早已把遗传基因密码植入了小荚、小板的脑子里，让他们知道，来的人不是我们的天敌，不用怕。

我告诉他们，来的人是一家子。

走在最前面的是二儿子，叫小虎，他身材瘦削，低头拉后面独轮推车的同时，一双大眼咕噜噜四下乱转。后面推车的是父亲，高高的个子，肩上搭着襻，两手各紧攥一个车把，弯着腰使劲向前拱。车的两边篓子里一边装着锨、镢、二齿钩子、鏊刮子、小夯等，这是人的生产工具；一边用布袋装着粮食，这是人吃的。两个篓子外面各绑着一棵树苗：一棵槐树，一棵柳树。大儿子叫大牛，长得很敦实，亦步亦趋跟在后面，用扁担挑着两个大大的油筐：一个盛满了衣服被褥，另一个是锅、碗、瓢、盆、水筲等，一路走来，叮当作响。左手挎着个篮子的是母亲，篮子里面盛着已经干了的单饼，右手牵着五六岁的小女儿叫小花，颠颠地跑在最后的，是一条叫小黄的黄色小狗。

看这架势，这家人也要和我们一样，到这里来定居了。

果然，到了荒原的最高处，父亲带头停下了脚步。

父亲手搭凉棚，向四周望了一遍，说道："我们就在这里住下吧。你们看，东边这条河蜿蜒像龙，就是人们常说的青龙，西边远处的官道地势高，就是白虎。南面的一片水就是朱雀，北面远处有低岭，就是玄武。东西两河在北面交汇，围成了一个聚宝盆。我的脚下地势最高，就在这里盖房子。"

一家人齐声答应，随即忙活开来，开始卸东西。

"稀哩哗啦"，东西放在地上，惊得躲在草丛里的土蚂蚱、姑娘等向四散蹦去。

"这里蚂蚱可真多。"只听小虎说。

父亲接口道："蚂蚱多好，说明地肥。梢末夹喜欢吃谷莠子、马唐草、牛筋草，这些草长势旺的地方，我们种庄稼也没问题。"

小荬紧张地说："他们要吃我们的草？"

小板笑了："你没听刚才老奶奶暗示，他们是人，不吃草，吃粮食。别担心，走，我们先到旁边玩会。"

小荬摇了摇头顶的触须："不，我要看看人要干什么。"

只见父亲用铁锨在地上挖了一个坑，小虎把槐树从篓子上解下来，把根放到坑里，竖直，父亲一边用铁锨向里填土，一边口中念念有词："门前一棵槐，不用种，自己来。"

大牛也在旁边挖了一个坑，母亲把柳树从篓子上解下来，把根放到坑里，竖直，大牛向里填土的时候，母亲念叨道："门前一棵柳，不用种，自己有。"

小花一个人蹲在旁边，瞪着忽闪忽闪的大眼睛，搂着小黄的脖子，好奇地望着这一切。

种好树，父亲向母亲吩咐道："你去搂草，待会做饭。"又向儿子们吩咐道："大牛去拾秆垃，用来垫地基，我和小虎先拉线。"看着小花站在一边没动，说："小嫚姑去采点云青菜，挖点野蒜，帮你娘做饭。"

一声吩咐，众人四散开来，小英、小板和弟弟妹妹们连忙向远处蹦去。

母亲先把篓子倒空，递给小花挎上，又给她一把铲子。小花左胳膊挎着篓子，右手拿着铲子，欢快地跑向了无垠的原野。

母亲从篓子里找出竹耙，在旁边搂干草。

大牛拖拉着油筐，拿着二齿钩子，去周围刨拾秆垃。

▲稗草

▲ 大蓟上的油蚂蚱

矸垆是这里特有的一种石头，黄色，多角，形状不规则，藏在黄泥里，有点像一坨坨的姜块。

父亲找出一个罗盘和麻线，校对了方向，然后折来草棍，先定好一个点，把麻线拴在草棍一头，另一头插在地上。让小虎拉紧麻线另一头，方向找好后，父亲走过去，把麻线拴在草棍上，小心地插入地下，然后再量好宽度，两间房屋地基的轮廓就出来了。

荒芜的草原上，第一次有了人类的坐标。

"你看，他们把草刨了，要占我们的地方。"又凑过来的小板吃惊地说。

"草这么多，有我们吃的，担心什么。"小荚不以为然。

我也不以为然，哪里的青草不养蚂蚱？

父亲拿下木头小夯，找出铁瓦刀，让小虎用小夯夯实地基，自己用铁锨和了一堆稀泥，然后用大牛找来的矸垆，动手垒地基。

母亲来到水边，把小花采摘的云青菜嫩叶和野蒜用水洗净，又用木筲打了干净的水，然后找了3块比较大的石头，支起了一口五印铁锅。

▲保护色

母亲找来一把很软、很细、已经干透了的草，取来火镰、火石，"乓乓乓乓"打起来。不一会儿，干草上落满了火星，母亲用嘴轻轻一吹，"呼"地一声，火便着了起来。

"烤得慌。"小板用触角挡住了脸。

"我们离人远一点。"小英说。

炊烟袅袅，升上了蔚蓝色的天空。

也是第一次，天空印上了人类活动影响的痕迹。

对于你们的生活，我一直很好奇，现在终于有机会可以从头到尾细心地观察一下了。

只见锅里的水冒泡后，母亲把云青菜放了下去，用笊篱上下翻动了几下，眼见叶子变软和了，就捞起来，放进一边盛着凉水的黑色陶盆里。

"还不攒蒜？"母亲对在一边玩的小花吩咐道。

小花搬来石头蒜臼子，把洗好的野蒜头放进去，"嘭嘭嘭"攒了起来。

看着蒜攒得比较黏糊了，母亲拿来一小块黑色的豆瓣酱扔了进去。不一会儿，蒜泥也变成黑色的了。

在小花攒蒜的时候，母亲拿来葫芦瓢，在锅里添上半锅水，上面放好楸木箅梁架子，再铺上用秫秸（高粱）挺秆串成的箅子。然后把干了的单饼放到箅子上，小心翼翼地展开，再用炊帚蘸来水，筛到干饼上，最后盖上盖垫。

这盖垫就是两个秫秸挺秆箅子，上下交叉着摞起来，用粗麻线缝在一起，再用棒槌（玉米）皮包上边。本来应该是白色的，用了不知多少年，早已变成黑色的了。

你们够聪明，也很伟大，能让大自然为你们服务。

母亲往锅底添了一把草，用嘴吹了吹，火重新着了起来。

母亲把已经凉了的云青菜捞出，攥干，放进一个黑色的大陶碗里，在蒜臼子里用勺子倒入一点点凉水，用筷子搅匀，再把比较稀的蒜泥倒入陶碗里，用筷子反复搅拌。

▲ 马唐草里的梢末夹

    盖垫边沿冒出热气的时候，母亲不再往锅底填草，起身喊道："都歇下吃饭吧"。

    爷仨到水边洗了手。父亲并不急于吃饭，而是拿出一杆旱烟袋，上面拴着个绣花的荷包。他右手拿着烟袋杆，左手捏着烟荷包，把烟袋锅伸进烟包里，左手就不停地捏弄，眼睛一直望着远方。感觉烟锅子已经塞满了，就拿了出来，凑到锅底下，拨拉出一根带火的草根，轻轻地放在烟锅上，同时含住烟嘴用力吸起来，烟便从父亲的嘴里、鼻孔里一股股冒了出来。

    趁父亲坐在交叉子（马扎）上享受旱烟的当儿，母亲已经手脚麻利地支起了一张菜板，把锅里的热饼连同箅子一起放到了菜板上，用两个黑碗盛了锅底水放在两边，把拌好的云青菜放在中间。小花找出5双筷子放在菜板上，然后拿着自己的小木凳坐在了菜板旁。等到父亲拿着交叉子坐过来的时候，一家人左手攥着卷饼，右手用筷子夹着蒜拌云青菜，狼吞虎咽地吃起来。

    "汪汪汪"，小黄狗两眼紧盯着桌上的干粮，叫起来，尾巴在后面摇来摇去。

    "来，小黄，你也吃饭。"小花嚼了一口饼，吐在自己手上，伸向小黄。

小黄颠颠地跑上前来，用舌头轻轻舔净了小花手中的食物。

你让一口饭累一辈子，越吃越复杂，越吃越麻烦。像我们多好，饿了，随便啃上几口青草，无忧无虑。

这家人到我们荒原上的第一个夜晚来临。

"看看人怎么困觉。"小荚和小板好奇地凑了过来。

父亲把小推车竖起来，母亲拿来一张油布，把上面两个边用细布带绑在两个车把上，下面两个边绑在地上的野柳根上，把搂来的干草垫在下面。小花搂着小黄躺在中间，夫妻一边一个。两个儿子则各自躺进了篓子里，盖上了被。

▲ 湿润的清晨

▲ 还未长出翅膀的姑娘

头顶满天星空，劳累了一天的一家人沉沉地睡去了。

看来这一家人懂得与自然环境和谐相处，不会对我们蚂蚱构成威胁，我也放心地睡去了，明天继续看他们演绎在荒原上的生存技巧。

上 梁 大 吉

第二天清晨，大地从黑暗中醒来的时候，这一家子也睡意蒙眬地睁开了双眼，除了小花翻身又睡了外，其他人一个个爬了起来。

母亲照例忙活早饭。

父亲又开始了一天的安排："我们先去割草。吃完饭后，大牛和我打墙，小虎和你娘去搓大墼。"

三人背起油筐，拿上镰刀，向原野走去，他们专拣牛筋草、马唐草、狗牙根草这些结实的细叶草。

小荚和小板还在睡觉，忽然被"扑通扑通"的脚步声惊醒，两个蚂蚱还在发愣，"唰"，一把大铁镰从天空掠过，头顶一下子透了，掩藏他们的草没了。

小荚和小板惊惶失措地往远处遁去。

爷们并没有在意脚底下这些乱蹦的小蚂蚱，专心割草。到吃早饭的时候，已抬回两大油筐草。

父亲用铁锨铲土在屋基旁边围成一个圆圈，然后和大牛用油筐把上好的黑土抬到里面倒下，细心地拣出里面的大小石头。大牛将草一把把均匀地扔在土上，又用水瓢舀着水向里泼，父亲站在里面用双脚踩泥。随着时间的推移，土和草完全混合在了一起，泥越来越硬，越来越韧。

父亲停下脚步，用手扒出一块泥捏了捏，说："可以了，开始打墙。"

大牛用二齿钩子先把搅成一体的泥一块块抓出来，然后用四股铁叉叉起，放到昨天已经垒到膝盖高的墙基上。父亲用锨从上面拍实，再把两面拍齐，就这样一圈圈地向上打。打到两拃高的时候就停下，等到外面干了才继续。

另一边，娘俩也在热火朝天地忙碌着。

小虎选了一块地势比较平的地方，用大镢将杂草刨干净，母亲又用铁锨平整了一下，然后在旁边掘起土来，倒上水，放进草，开始和泥。

草丛里的蚂蚱继续远遁。

母亲把墼刮子平放到地上，小虎用铁锨把和好的草泥端过来放进去，母亲用手抓着泥，先把墼刮子下面四个角压结实。再放进泥来的时候，母亲继续用拳头把泥向下捣实，等泥到墼刮子平口的时候，母亲用瓦刀将上面找平，然后一手抓住墼刮子一边的绳扣，两手一齐用力提起，一个长方形的大墼就留在了地上。

在一拃远的地方，母亲又把墼刮子放下，小虎又端来泥。如是反复，一溜溜大墼泛着黑光就排成了方阵，在绿色的荒原上，像一块留下的黑疤，格外醒目。

随着土墙的不断增高，屋门、窗户的轮廓渐渐地显现了出来。

墙垒平口的时候，大墼正好也干了。父亲负责把大墼掀着立起来，母亲用瓦刀把底下沾着的土刮去，两个儿子一个个地往东西两个屋山头下搬。

大墼全部撺好后，父亲拿来凳子，站在屋山墙外，母亲端来一铁锨稀泥，父亲磕到墙头上，用瓦刀摊平。大牛搬起一个大墼，递给小虎，小虎再举给上面的父亲。父亲接过后，和墙顺齐，就把大墼放在了稀泥上，然后用瓦刀面拍了一下，就算放实落了。

第一层大墼和山墙一样长，然后层层缩进，最后形成了三角形的屋山。

垒完两个屋山的那天晚上，父亲说："明天一早，我和小虎去西边赶双羊店集，买梁、檩、门、窗，你们娘仁到河边去割苇子，回来勒屋笆用。再割些山草，铺屋用。"

第二天上午，等到雾水干了，母亲和大牛、小花来到了河边。

夏油和夏菲原认为这里偏远，人不会打扰他们，正在苇叶上安心地享用早餐。

"嘎巴嘎巴"，一根根苇子被割断的声音响起。

夏油和夏菲反应快，急忙从苇叶上跳了下来。有的小伙伴来不及跳，和苇子一起倒在了地上，还有的惊慌失措地蹦进了水里。

"汪汪汪"，小黄在追着一群四散奔逃的蚂蚱玩。

"这么多油蚂蚱，娘你看，有的苇子都吃成光秆了。"晃动的芦苇丛中传出大牛的声音。

"油蚂蚱还祸害庄稼，到哪里吃光哪里。"母亲头也不抬地忙碌着。

太阳到西的时候，父子俩满头大汗地回来了，小推车上装满了东西：1架高高的已加工成三角形的大梁，两根较粗的脊檩，8根檩条，1个门，1个窗，还有两棵梧桐、8棵白杨树苗。

安好门框、窗框，也到了傍晚，父亲吩咐两个儿子："你俩把杨树栽到两边，以后长大了给你们盖屋用。"又指着母亲："咱俩把梧桐栽到天井里。栽下梧桐树，引来金凤凰，成材了还可以打家具。"

上梁的吉日终于来到了。

一大早，全家人就齐刷刷地起来了，连平时贪睡的小花也不例外，每个人的脸上都洋溢着兴奋、喜悦，内心还有隐隐的不安。

▲ 油蚂蚱在黄绿相间的草丛中

那架大梁肃穆地立在屋前，母亲把早已做好的一串祈福物郑重地拴在大梁正下方：两条布做的彩鱼，中间系着3个铜钱，下面是彩色的穗头。父亲在大梁正中端端正正地贴上一张红纸，上面写着"上梁大吉"。

"这家人在干吗呢？我们看看去。"用完了早餐，闲着没事干，小板在远处又忍不住了。

"不去吧，别让他们伤着咱。"小荚有些犹豫。

"没事的，我没见他们有伤咱的意思。再说，咱又没惹着他们。"

小荚想想也是，就没有拒绝。

两只蚂蚱悄悄地跳到了正在盖的新屋旁边，藏在一丛高高的狼尾巴草里。

只见母亲取出一叠黄烧纸，在大梁的正前方点燃，全家人一齐跪了下去，口中念念有词："老天爷保佑，上梁大吉！老天爷保佑，上梁大吉！"

磕完头后，全家人一起走到大梁跟前。父亲把两根粗壮的麻绳分别拴在大梁两端的叉手上，大家一起抬起大梁，走到了屋内正中。

大牛踩着凳子站到了墙上，父亲踩到凳子上，母亲、小虎、小花托起大梁一端一齐向上举，大牛在上边用绳子拉，父亲不断地调整角度，终于把大梁北端放在了预先留出的墙豁口上，南北、上下都正了起来。

"向外出！"父亲用力喊道。

大牛用力提起大梁北端，向墙外拉了拉。

"小虎上墙！"父亲下了凳子，边扶着大梁向南走边喊。

小虎立即拿过凳子放在南墙下，登上了南墙头，拉紧了大梁上的绳子。

上梁到了最紧张的时候，父亲的额头上冒出了汗珠。

"大牛扶稳，他娘使劲举，小虎使劲拉！"父亲站在凳子上，一边双手扶紧大梁，一边声嘶力竭地喊。

终于，大梁停在了同一个高度。

"向南出！"父亲又下命令。

大梁的南端一点点地搭在了南边墙的豁口上。

"小虎扶稳，大牛钉土柱。"父亲就像一个久经沙场的老将，准确地运筹着每一步行动。

所谓土柱，就是垒墙的时候，在放梁的下面已经包进土墙里一根竖着的木头，用来支撑大梁。

听到命令的大牛连忙把绳子解下来，接过母亲递上的铁锤、扒锔子，"乒乒乓乓"一阵敲打，把大梁牢牢地钉在了土柱上。

"大牛扶着，小虎钉。"父亲又喊。

小虎也学着哥哥的样子，把大梁南端钉实。

"他娘，上脊檩！"父亲急喊。

母亲闻声递给大牛一根脊檩。

"我们已经扶好了，你放心上就行。"父亲的声音柔和了不少。

▲ 紫茉莉上的姑娘

其实，这是最让人揪心的时刻。

大牛抱着脊檩的中间，躬着腰，小心地踩着叉手两边的木橛子，慢慢地向大梁的最高点爬去，全家人都紧张地望着，似乎连呼吸也停止了，周围死一般地寂静。

突然，大牛的左脚一下踏空，身子向左一歪，脊檩的右头高高地翘了起来。

"当心！"母亲还没喊出声来，就赶紧就手拼命捂住了自己的嘴，父亲的脸色已是煞白。

大牛一下子趴在了叉手上，两条胳膊紧紧抱住叉手和脊檩，先调整了一会呼吸，然后用左脚慢慢地找到了橛子，踏实，把身体调正，再把脊檩摆平。梁上梁下的人这才长长地松了一口气。

大牛终于到了屋脊的最高点，双脚踩稳，坐在叉手上，双臂费力地把脊檩举起，一端轻轻地搭在屋山的缺口处，另一端小心地放进最上面三角形中的空间。

第一根脊檩搭成了，同样的办法，又搭好了第二根。

从上往下，大牛又一根根搭檩条。一头搭在屋山上，一头搭在叉手的切口上。

半天时间过去了，近中午的时候，8根檩条全部搭完，两间新屋也显露出雏形。

"上梁大吉，放鞭！"大牛双脚刚一着地，父亲就兴奋地大声喊道。

小虎闻声，立即跳上墙去，父亲递给他一根木棍，上面早已挂上了一串红色的鞭炮。

在"噼噼叭叭"震耳欲聋的响声中，小虎尽力把鞭炮举向天空，以求这喜悦的响声传得更远。青烟弥漫，红纸飞扬，飘落在下面仰着的一张张激动的笑脸上。

这突然而起的巨响，小荚和小板都是第一次听到，两只蚂蚱吓得一下子从狼尾巴草里跳了起来，没命地向远方蹦去。身后，又飘来了难闻的硝烟味。

从此，这荒原的中心地带，就属于你们了。

新 屋 落 成

梁、檩搭好之后，父子三人每人手里抱着一捆泡湿的油草，爬到了东屋山上。

父亲站在最高处，把着脊檩，大牛站在墙头上，把着最低的檩，小虎把着中檩。

母亲站在下面，递上一把已经切去梢、褪去叶的干芦苇。

大牛接过来，顺在屋面上，长短正好。爷仨上下一齐动手，用柔韧的油草将芦苇把绑在了3根檩上。母亲递上来第二把芦苇后，他们先把油草穿进去，然后把苇把用力和第一个苇把并紧，再结结实实绑在檩上，就这样一把把地向西伸展。

前后屋面都绑完苇箔后，盖屋也就进入了最后的程序——铺屋。

父亲仍然是大工。他站在最东边的墙下，接过一锨和得很稀的草泥，扣在最下面的苇箔上，用瓦刀摊平一下，又接过一大把干油草，根朝上，草叶耷拉在空中一些，作为屋檐，然后均匀地铺在泥上，再用瓦刀拍一下根部，让根插进泥里。

第一层油草铺完，再压苫向上铺第二层，直到两边的山草在屋脊合龙。

做好屋脊之后，父亲又在东屋山预留的烟道上用坚硬的草泥做了一个烟囱，屋顶上的工程就告结束了。

▲ 油草

砌好大梁下的间壁墙，安好门窗之后，屋内还有两个比较大的工程，也是技术含量比较高的活——盘炕和砌锅灶。

火炕是用墼在下面支成框架，上面也盖上墼，最后用草泥抹平就行。看似简单，其实非常复杂：从当屋（堂屋）门旁锅底来的火和烟，须经过每一个墼缝，最后归入隐藏在墙里面的烟道，通过屋顶的烟囱排出，整盘炕在冬天都能感受到热量。如果排烟不畅，炕的四周和灶前就会向外冒烟，呛人不说，炕也不热。如果排烟太快，锅底的火向里抽的厉害，只有炕头中间热，做饭也浪费草。烟道、锅底是通过火炕连在一起发挥作用的，所以把火炕盘好至关重要。

盘炕用的墼比垒屋山用的大墼要薄，但更硬，更结实。

兄弟俩把炕墼搬到屋里，父亲便从锅底向里进火的口开始支炕。基本规则是把墼竖好，第二个墼靠在第一个墼的中间部位，向上形成一个稳固的三角面，然后把握好烟道的走向，循环往复。这些技术都是人们在生活实践中摸索出来的，只有标准，没有书面理论，没有操作规程。父亲边支墼边向两个儿子提醒着注意事项。

把炕盘好之后，父亲指导大牛垒锅灶。

▲ 老屋结构（莫言旧居）

▲马唐草，我的最爱

大牛用瓦刀把墼砍成长条，在间壁墙下以进火道为中央垒了一个方形框架，开口向西，与进火道在一条线上。垒到最上面，他用线量了量五印锅开口的直径，把四个墼用瓦刀切为弧形，分垒在锅台的四个角上。小虎搬来铁锅放了一下，严丝合缝，父亲满意地笑了。

"他娘，点把火试试。"父亲高兴地吩咐。

母亲向锅里倒了两瓢水，抱来一些草，在锅门前用火镰、火石小心地把火引燃，慢慢地填进锅底。

别人都跑出了屋外，父亲却走进东间，仔细地观察着炕的四周。还好，没有一个地方冒烟。

父亲连忙走到屋外，仰望屋顶，只见一缕白烟从烟囱里冒出来，弯弯曲曲地向上飘动，似乎在向天地宣告这家人新生活的开始。

对我们蚂蚱来说，这也是一个开始。

自从这两间屋落成之后，你扎下了根，不断地改变着这里的环境，慢慢蚕食着我们不知已经生存了多少年的地盘，成为真正的主人。

春 播

搬到新家后的第一个晚上，父亲破例喝了几口酒，满脸泛着红光，踌躇满志地说："一年之计在于春。从明天起，我们全家齐上阵，开荒种地，早一天过上好日子！"

第二天早晨起炕后，母亲忙着准备早饭，父亲便带着三个孩子扛着工具来到前边的草地里。这是父亲早已探好的一大片地方：地势平坦，土层厚，石头少。

小虎用大镢榜去地上的草，小花紧跟着拾到一边，晒干了好烧火。父亲用四齿叉子，大牛用铁锨，并排着开始翻地。碧绿的荒原上，露出了一大片黑黝黝的底色。

草没了，蚂蚱的家没了，被惊了多次的蚂蚱们再一次四散而去。

开荒的时候，天空中远远地传来了布谷鸟嘹亮的叫声"布谷——布谷——"

▲ 胶河之晨

父亲停下了叉子，望着天空："节气不等人，连鸟也在催我们了。明天你们打地瓜垄，调菜畦子，我上东边的呼家庄大集买种子、地瓜秧、菜苗子。"

第二天下午，正在地里玩耍的小花远远看见父亲推着车子从东边走来，便欢快地领着小黄跑上前去迎着。

"大大（父亲），那边一篓子黄芽是什么？"小花边跟着车子走，边在一边好奇地问。

"地瓜秧子。"父亲亲切地回答。

"这一篓子这么多秧子，都叫什么？"小花惊奇地睁大了眼睛。

"紫色的大叶子是茄子苗，黄色的是黄瓜苗，长梗的是芹菜，细的是韭菜，长叶的是大葱，还有葫芦、丝瓜。种到地里，我们就有菜吃了。"父亲耐心地说。

"太好了，我真吃够了野菜了！"小花拍着手跳了起来。

"野菜有野菜的味道。数数看，我们来后都吃了什么野菜？"父亲笑着问。

"有云青菜、马肿菜、荠菜、苦菜、曲曲芽、萋萋毛、野蒜……"小花扳着指头边想边数。

父亲沉默了，不再说话，只管使劲推车。

到了家，父亲发话了："今日过晌（下午）先把菜苗子秧到地里，明日头晌（上午）再秧地瓜。"

大牛、小虎上前，把地瓜秧篓子抬到了屋里，父亲和母亲把菜苗篓子抬到了菜地头上。

"先种茄子吧，叶都恹恹了。"母亲提议道。

茄子苗一共两把，一把十棵，根用泥包在一起，秧子中间用山草系着。

茄子需要栽在小垄上，垄早已打好。

母亲把茄子苗一棵棵小心地从根部分开，父亲接过去，用手在

▲ 还能蹦跶几天

垄顶扒开一个窝，把一棵茄子悉心栽好。大牛跟在后面，用水瓢向窝里轻轻地浇水，等水馇下去后，小虎小心地用左手把茄子叶拢起，右手顺着垄把土扒了一下，露出下面的湿土，然后把茄子苗小心地弯下去，埋到了湿土里。

"娘，俺二哥怎么把茄子埋了？"小花在一边惊叫。

母亲笑了："茄子叶太大，不容易栽活。今天把它的叶子埋到湿土里，明天早上扒出来就死不了了。"

"真的吗？"小花惊奇地问。

"当然是真的，明天你过来看看，保准一棵也死不了。"母亲自信地说。

韭菜、芹菜苗都很细，需要一簇簇栽到畦子里，然后用水漫灌。胡萝卜种子很小，先把畦子用水漫灌，水馇下去扬上种子，上面再撒一层薄土。

黄瓜分两行，栽在畦子的两边，便于以后搭架子。

大葱肯活，种起来也比较简单，用大镢在地上豁出一条小沟，溜上水，等水饧下去后，把葱根埋下去，再把土填上。

白菜、萝卜也种在垄上。每隔一拃左右，父亲把垄顶的土用手抚平，母亲轻轻地在上面浇上一点水，大牛就往上面撒几个黑米粒大小的白菜或萝卜种子，小虎双手把土搓成细沙，均匀地撒一薄层。父亲又用从河边采来的水芋头叶盖在上面，最后再在叶子上压上二三个小土块，防止被风吹起来。

扁豆（芸豆）则在畦子里面沿畦子背刨出两条小沟，先顺上水，水下去后，把种子间隔着一个个撒下，然后盖上土。

葫芦、丝瓜，父亲分别栽在了屋外两边的杨树下。

第二天天刚亮，孩子们还在睡梦中，父亲就悄悄地起来提着木筲和水瓢来到菜地头。他先把茄子从土里扒出来，只见昨天还有些发蔫的茄子秧现在已是精神抖擞。

他用瓢给每个茄子窝里又浇了一遍水，水饧下去后把窝子用土培上，然后把黄瓜、芹菜、韭菜、大葱又漫灌了一遍，回头又把葫芦、丝瓜浇了一下。

干完活，父亲坐在了门前的交叉子上，取下腰上挂着的烟袋包子，慢悠悠地塞满一锅子烟，一边喷云吐雾，一边望着面前黑黝黝的土地和菜园里一行行的绿色，眼含笑意。

早饭后，一家人全体出动。大牛、小虎抬着装满地瓜秧子的篓子，父亲提着水筲，母亲扛着大镢，小花拿着水瓢，来到了打好的地瓜垄前。

大牛拿着大镢站在地瓜垄左边，倒退着用大镢在垄顶上一镢刨一个坑。父亲左手拿一大把地瓜秧，右手抽出一根，捏住根部，往坑里用力一插，一棵地瓜秧便斜倚在了坑边。小虎左手提筲，右手拿瓢，一下下地往坑里浇水。母亲和小花跟在后面，从两边用双手搂住刚刨出的土，向中间一合，便把坑盖上了。

一棵棵地瓜秧就站在了垄顶上，开始迎风摇曳。

秧完地瓜，又在地瓜沟里种上了一行绿豆。

种棒槌时，每隔一拃多刨一个坑，点三四个棒槌粒进去，用土盖上。秫秫、谷子、豆子则是刨出一条浅沟，把种子撒在里面，一行行地种。临了，还在地头上撒下了芝麻、黍子等杂粮种子。

几天以后，黑黢黢的土地便冒出了绿色，长出了一些我们蚂蚱从没见过的植物。

▲ 地瓜

▲ 抱紧我的草

夏 管

我们蚂蚱长出翅来的时候，也就进入了夏季。

棒槌长出了一拃多高，到了该间苗的时候。

父亲领着一家人，弯腰走在地里。每一窝棒槌选出最粗的一棵，把其余的小心拔去。秫秫、谷子、豆子也是把弱苗拔去，留下一行。豆苗母亲没舍得扔掉，全部收集了起来，回家用开水一焯，用野蒜一拌，作为下饭的美味。

天气越来越热，雨水越来越勤。仿佛一夜之间，荒原上长出了一片比最高的草还要高很多的庄稼。在我们眼里，那就是一片森林。

庄稼，阻挡了我们的视野。

清晨，空气清爽，原野上荡着一层缥缈的轻雾。

屋门开了，父亲扛着耘锄领着小虎来到了棒槌地边，大牛拿着小锄领着妹妹来到了地瓜地边。

耘锄有一条一人长的锄把，弯曲的铁裤下面是一个前宽后窄的大锄头，很沉。

"来，今天我教你怎么使耘锄。"进了棒槌地里，父亲开始示范。

"耘锄主要锄宽垄的庄稼：棒槌、谷子、豆子。拉耘锄要顺着垄眼，倒退着走。你看，先弯下腰，把锄放在身体右边，左手在下，右手在上，把锄头插进土里二指深，然后平均用力向后拉，每次拉一步左右。再倒退一步，倒把，就是把锄把换到身子左边，右手在下，左手在上，向后拉。这样一步一倒把，换动着使劲，不累人。"

小虎望着父亲的动作，身子一会弯下，一会直起，锄把一会儿在左边，一会儿在右，有种很有节奏的美感，心里暗暗羡慕，恨不得马上学会。

"哥哥，地瓜蔓为什么还得翻？"地瓜地里，小花好奇地问大牛。

大牛牵起一根地瓜蔓指着说："你看看，地瓜蔓爬在地下，都扎根了，这样光长叶子，不长地瓜。你把地瓜沟这边的地瓜蔓翻到另一边去，我把下面的草锄净。"

▲准备生产

"大牛——，掐两把地瓜蔓头回来拌着吃。"在家里做饭的母亲站在屋门口吆喝。

眼看太阳到了东南晌，地里已如蒸笼一般，爷们几个早已汗流浃背。

"住作吧，吃了饭歇着，今日头晌就不干了，天太热了。你们先回去，我吃袋烟歇歇。"父亲喊到。

父亲蹲在了地头上，顺手又从腰间抽出了烟袋，"吧嗒吧嗒"吐着烟，温情的目光一直没离开庄稼，他全部的身心都在和这片流淌着汗水的绿色生命交流。

被松过土的大地，弥漫着清新醇厚的芳香，积蓄着无穷的力量，演变着生命的奇迹。精神抖擞的棒槌，鲜嫩的顶芯打着旋儿，似一群青春年少的孩子，齐齐刷刷地歪头看着用心呵护他们的父亲，随时等待他下达命令。宽大的叶片从粗大的茎秆交叉抽出，斜插向上，像伸向天空的一双双手臂，仿佛马上就要捧回一个五谷丰登的秋天。一根根被悉心翻过的地瓜蔓，重新找到了舒展的感觉，正憋着劲伸向远方，一个个三浅裂形的地瓜叶，像一个个竖立的耳朵，在凝神倾听着主人的心跳。

烟雾缭绕，父亲的身心也慢慢融化进了眼前的这片土地里。

"老头回家了，咱去尝尝庄稼的滋味吧，老吃马唐、稗草、狗牙根，真吃够了。"小板和小荚一直躲在离地头不远的草丛里偷窥。

　　"嗯，这原来是咱的地，吃也应该。"小荚也在给自己找理论依据，"再叫上姑娘们吧，蚂蚱多胆大。"

　　"嗖嗖嗖"，一只只蚂蚱悄悄地飞进了棒槌地、地瓜地。

　　"棒槌叶真过瘾，汁多肉厚，比稗草口感好多了。"小板兴奋地说。

　　"地瓜叶才好吃呢，"一个姑娘接过话头，"软和没有筋，吃起来不费劲。"

　　一会儿工夫，本来三浅裂的地瓜叶被咬出了缺刻状。

　　"庄稼一枝花，全靠肥当家，过晌咱沤肥。"太阳一竿子高的时候，父亲又安排活了。

　　"小虎和你娘把小圈里的粪挖出来，大牛和你妹妹去割草，不要山草、茅草，沤不烂。"吩咐完别人，父亲自己也扛着锨走到地

▲土蚂蚱在小篷草上

▲快隐蔽

头上。

"老头来了，快隐蔽！"站在高高的棒槌叶上放哨的小板发出了警告。

"唰啦啦"一阵乱响，蚂蚱们有的躲到宽大的棒槌叶下，有的钻进地瓜叶间，把自己藏了起来。

父亲并没有注意地里的动静，他在地头上把土掘起来，慢慢培成一个高过膝盖的长方形围堰，底下又撒下一层土。

大牛背着一油筐草过来了，抱着就往围堰里扔。扔一层，父亲就用锨扬一层土。

小虎和娘抬着一尿罐大粪过来，也倒了进去。

"好臭！"小花捂着鼻子跑开了。

中间快填平的时候，大牛提来一筲水倒了进去。父亲又和了一些草泥，把整个土堆的表面墁了一遍。

"大大，怎么还得墁？"小虎问。

"墁结实了以后不透气，这样沤得快。"父亲直起腰来一边擦汗一边解释。

几天之后，父亲领着两个儿子用铁锨、大镢、二齿钩子把粪堆扒开了。

所有的草都已经变成了黑色，空气中弥漫着腐烂的臭味。

"好肥！"父亲满意地笑了。

爷仨把草肥四散扬开，一群绿头大苍蝇"嗡嗡"地围了上去。

等草肥快干的时候，父亲又领着两个儿子用小夯、大镢、锄头把粪块砸碎堆了起来。

第二天一大早，一家人忙着给庄稼追肥。

父亲、大牛扛着大镢，母亲、小虎挎着架筐，架筐里盛着草肥。

架筐有三条把绕在筐沿上，比一般的横梁筐能盛更重的东西，主要是用来挎土、追肥。

父亲、大牛各占着一垄，用大镢在棒槌根边刨一个窝倒退一下，母亲跟在大牛后面，小虎跟在父亲后面，往窝里抓一把草肥，随即

▲ 有点累

用脚盖上。

　　菜园里，茄子已经开出了紫花，间过苗的萝卜郁郁葱葱，大葱亭亭玉立，韭菜、芹菜、胡萝卜伸展开叶子，绿色溢满了畦子，流向了天空，黄瓜、扁豆开始爬蔓。各种菜高低错落，你争我抢，生机勃勃。

　　父亲到河边割来了粗壮的芦苇，在黄瓜、扁豆畦子两边倾斜向中间各插一溜，顶端用山草绑在一起，就搭好了结实的架子。

　　蔬菜生长到了旺季，需要天天浇水，用水量越来越大。父亲干脆和大牛在菜园边用铁锨和叉子打井，很快，不到一人深，水便用不了了。

　　棒槌长到一人高的时候，地里的活少了。

　　父亲让大牛、小虎去提（dī）芬子，准备打蓑衣。

　　"晌午头（中午）去提，早上有露水，提不出来。"父亲嘱咐道。

　　我看到大牛和小虎走下了东河。

　　本来已经准备午休的油蚂蚱被两人的脚步惊醒，四散开来。

　　在河边的浅水里，绿色的芬子一根根直竖着，长得很高，来到了兄弟俩的腰间。茎秆带着三个棱，有筷子粗细，有的在顶部长出了二三条细叶，中间扬出了褐色的花穗，正是芬子成熟的季节。

　　头顶日头正毒，连河水也有点烫人。

　　"大大怎么叫咱晌午头来提芬子，这么热，早晨不行？"小虎嘟哝道。

　　"晌午头太阳最毒，把芬子晒软和了，不容易断。早晨有露水，提的时候打滑，还脆，不好提。"大牛耐心解释道。

　　小虎不再说话，兄弟俩专心干起活来。

　　他们专挑又粗又高已经开花的芬子，左手捏住芬杆的中间，右手尽量向下探，摸到水下捏住根部，然后两手一齐向正上方均匀用力，只听"吱"的一声脆响，一根下部发白的芬子就完整地提出来了。

　　一个中午的工夫，兄弟俩每人提了一大把，脸上的汗也顺着下巴向下滴。

"热死了，洗洗澡。"大牛说完，把芬子放到河边草地上，脱了衣服就"扑通扑通"跳进了河里。

兄弟俩欢快的嬉笑声回响在平静的河面上，一圈圈涟漪向远方荡去。

经过兄弟俩连续十几个中午的辛勤劳动，晒干的芬子足够编蓑衣了。

父亲找了一段麻绳放在面前，把柔软的芬子打折后穿在麻绳上，再横向一根根穿过来，慢慢地就看出了领子的模样。然后从领子向下编，越来越宽，并把长长的梢子露在外面，蓑衣编成的时候就像是一个刺猬。

下雨天时，头戴苇笠，身披蓑衣，风吹不透，雨淋不着。

菜地里，茄子、黄瓜、扁豆陆续交出了紫色、绿色、白色的成果。

"哇，我们终于有菜吃了！"一家人在菜园里采摘的时候，小花拍着手快活地叫。

"还不能全吃。"父亲笑眯眯地说，"明天我到呼家庄集上，卖了菜，去买几只小鸡、小兔和你做伴怎么样？"

"好呀，我喜欢小鸡。"小花高兴地跳起来。

第二天太阳还没出来，父亲便推着满满两篓子鲜菜向东下去了。

又是太阳偏西的时候，在小花眼巴巴的期待中，父亲的身影终于出现在了已经踏成的弯弯小路上。

"唧唧唧"，还没到跟前，篓子里便传出小鸡细细的叫声。

大牛小虎连忙上前，把篓子从车子上搬下来。

小花紧跟着凑上去，只见一个篓子里站着10只毛茸茸的小黄鸡，一个篓子里趴着5个纯黑色的小兔子。

"天太热了，快给小鸡饮点水，给小兔拔点嫩草。"父亲还没等喘口气，便一连声地吩咐。

母亲把小鸡一个个轻轻地捧到树荫底下，又端来一个盘子，里面倒上浅浅一层水，放到小鸡跟前。

小鸡们围了过来，小黄嘴巴不再尖叫，而是对着水不停地张翕，然后又把头扬起来，嘴斜冲着天空咽下，再低下头去吸水。

小黄也凑了过来，眼睛贪婪地望着小鸡。

"你敢动！"母亲打了小黄嘴巴一下。

"呜呜呜呜。"小黄不情愿地退到小花的脚边趴下了。

小虎从旁边拔了两把青草，投到篓子里，小兔们低着头"咔嚓咔嚓"地吃起来。

"兔子怕热，得挖地洞。"母亲提议。

"我会挖。"大牛接过去说。

大牛拿来铁锹，在天井西边干起来。

他先向下开了一个小口，仅比锹宽一些，先挖深，伸手使了使，到胳肢肘了，便在下面向四周开扩，扩到胳膊全伸进去，手指够着底角为止，最终形成下面粗，上面细的坛形。

小虎早和好了比较硬的草泥，把兔子窝口垛高了一圈，做成一个圆口，然后提着小兔二只长耳朵，一只只放了进去。

▲ 我爬不动了

"今后小虎割草喂兔子，小花去草地里抓蚂蚱喂小鸡。"父亲是一家之主，事无巨细安排周到。

"走，小黄，我俩抓蚂蚱去。"小花拍了拍小黄的脑袋。

小黄爬起来，摇头摆尾地跟着小花走了。

小花找了根长长的谷莠子穗，轻轻地连杆提出来，然后把根部软和的一截掐掉，就低着头开始在草丛里聚精会神地找蚂蚱。

小莢的一个小姐妹被惊动了，慌里慌张地向前蹦跶。

小花紧紧盯着，待梢末夹躲进草丛认为没事的时候，她蹑手蹑脚走过去，瞅准时机一个前扑，右手把梢末夹的一根后脚捉在了手里。

梢末夹的其他腿乱蹬，企图逃脱，小花急忙用左手捏住了梢末夹的鞍部，便将它牢牢地控制住了。

小花右手拾起掉在地上的谷莠子穗，用坚硬的杆部穿进梢末夹鞍部的皮下，然后从头旁的结合部穿出来，向下撸到穗子边，梢末夹只能干瞪眼了。

不一会儿，谷莠子穗上便"长"了一串腿脚仍然乱蹬的蚂蚱。

小黄在草丛里蹦蹦跳跳，追赶着乱飞的蚂蚱。

回来后，小花把奄奄一息的蚂蚱抽下来，放到小鸡跟前。

小鸡们啄起来又丢下，就是吃不下去。

还有两只小鸡，一个咬住了蚂蚱的头，一个咬住了蚂蚱的肚子，在抬着转圈。

"哎呀，我的好闺女，你得把蚂蚱撕开，囫囵怎么能吃下去？"母亲在一边着急地喊。

小花又把蚂蚱拾起来，撕成三四截，丢给小鸡。

一只小鸡抢了一块梢末夹肚子，跑到一边去，昂着头用尽全力才吞下，噎得头也歪了，眼也直了，半天才缓上气来。

转眼已到夏末，荒原上的野柳枝条到了最饱满的时候，叶子由绿色开始微微变红。

"得编筐收庄稼用，大牛小虎过晌去割柳条子吧。过晌的柳条

▲ 牛筋草穗上的姑娘

子水分少，好晒干。"父亲望着坡里的庄稼，又发话了。

柳条晒干后，父亲选了20根粗壮的准备做筐底用。

他先把5根柳条子放在平地上，再用5根和这5根根对根交叉着并排，又拿了5根一根压一根从右向左插，最后5根从左向右插，编成了一个十字花状。再用柳条从里向外一圈圈地盘，筐底的形状就出来了。

父亲再把这20根柳条向上弯曲，把梢用麻绳系在一起，再一根根地向上盘。盘的过程中，在准备留筐把的对称的两边，不时插上一根粗条子。

编到最后，把条子再横向弯曲，顺着一圈编成筐沿。两边留作筐把的条子向对面弯曲，相互缠绕、交叉，形成结实的筐把，一个筐便编成了。

编了两个筐后，还剩下一些很细、很短的柳条，父亲意犹未尽，又简单地编了个一捧大的小筐，微笑着递给小花："这个给你用，小耍筐。"

秋 收

雨后的一阵北风，长出皱纹的树叶"索索"抖动，原野上的生命都听到了秋天临近的脚步。

早晚，我感到了阵阵凉意。

秋天，是我们蚂蚱在世间的最后时光，是最忙乱的时候，而对你来说，只是四季轮回中的一个季节，并且是收获的季节，也忙也乱，却是带着喜悦。

早晨，大地笼罩着一层薄薄的纱雾，远处的庄稼、草木若隐若现，宛如仙境。

"三春不如一秋忙。"吃早饭的时候，父亲又开言了，"头晌大牛小虎到东河边去挖车沙子回来，我拾捯场，他娘把镰啊什么的磨磨，好使。"

饭后，父亲先把院子里的草用大镢刨净，又用铁锨找平，再用二齿钩子把地耪起来晾着。等到土半干不湿的时候，父亲拉来了石头磙子，一圈圈转着压。

大牛用力推着，小虎在前边用绳子拉着，哥俩运来满满两篓子细沙。

父亲把磙子停到一边，用铁锨铲了一锨沙子，左手握在靠锨头的位置，右手攥住锨把，用力向外一甩，沙子在空中散成一个漂亮的扇形，均匀地落到场院里。很快，整个场院都铺上了一层稀稀落落的细沙。

"大牛和小虎轮流着压会，我歇歇。"父亲走到一边，摸出了烟袋包子。

大牛脱了鞋，赤着脚拉着磙子走了上去。脚底下麻麻的、凉凉的、软软的，接地气的感觉非常舒服。

一圈又一圈，沙子终于和下面的泥土紧紧地结合在了一起，一个质地坚硬、平平整整，像镜子一样的场院出现了。

"再晒一会，看到哪个地方起了缝就洒上水，扬上沙再压，早

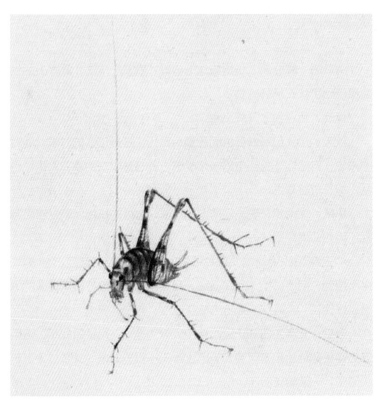
▲齐白石笔下的灶马

晚到不起缝为止。"父亲仍然不放心。

经过五次三番的修补，场院终于压成了。

小花早已按捺不住，立即脱了鞋冲到了场院中央，趴在地上快乐地打起滚来，小黄也跟着跑进去，打滚、撒欢。

做晚饭时，小虎在灶前烧火，母亲在锅台前忙着炒菜，锅台上方墙里的豆油灯摇晃着朦胧的光。

"娘，快看，一只促织（蟋蟀）。"正在一边盯着锅的小花忽然指着锅台边沿正在爬的一只虫子叫起来。只见一只黑色的虫子扬着两条长长的触角，拖着两条长而粗壮的后腿，旁若无人地向墙上的豆油灯处爬。

"这不是促织，是灶马（突灶螽），是来保佑我们一家的。你看，他后腿比促织长，也没有翅膀。他来了，我们以后就不愁吃穿了。"母亲肃穆的脸上洋溢着兴奋。

月光如水，星空寂寥，北斗七星在北方夜幕下的低空打着一个问号。清风习习，杨树叶忽明忽暗，空气中飘来庄稼成熟的味道。

一家人都赤着脚，坐在干净的场院里。父亲一边望着不远处黑黝黝的田野，一边抽着烟，烟光一闪一灭，映着一张沧桑的脸。兄弟俩趴在地上，头挨着头，在低低说着什么。小花的头枕在母亲盘着的腿上，仰望着天空，听母亲断断续续讲着天上的神话。各种秋虫在周围的石缝里、草丛里高一声低一声地呢喃着。

"娘，花上那是什么在飞？"小花眼尖，指了指旁边的葫芦架。

只见白色的花朵上面，一个个黑影在空中快速地移动。

"哦，那是箍锅匠（蜂鸟鹰蛾），给我们的葫芦箍锅来了。"母亲笑了。

看到小花睁大的眼睛，母亲解释道："这个飞蛾嘴中有一根长长的针，一会把针插进这朵花里，一会把针伸进那朵花里，像不像箍锅匠在拉钻箍锅？"

▲ 蜂鸟鹰蛾

▲ 葫芦雌花

　　"真像。"小花想了想，好像明白了。

　　"可是这些大蛾在忙啥呢？"小花转眼又迷糊了。

　　"他们来采花蜜，也是给我们家的葫芦传粉，这样葫芦才长得又大又多。"一边的父亲忍不住笑眯眯地插了句。

　　"可是他们为什么白天不来啊？"小花脑子里全是问号。

　　"因为我们的葫芦花怕晒，只有晚上才开花。"母亲继续解释，"明天你仔细看看，带着圆把的花是实花，以后结葫芦，长把的花是谎花，不结葫芦。"

　　"那光要实花还不中，谎花有什么用？"小花脑子里似乎装着十万个为什么。

　　"没有谎花传粉，实花也坐不成果。就像咱家，你亲大大还是亲娘？"母亲笑着问。

　　"嗯……我都亲。"小花看了看父亲，又看了看母亲。

　　"对，有男有女，有老有小，才是完整的一家子。"母亲满意地说。

　　收割庄稼的日子终于到了，空气中弥漫着紧张的气氛。

　　母亲刚天明就做好了早饭，全家人匆匆地吃完，穿上长袖衣裤，就收拾着上坡了。

大牛在前边推着车子，篓子里装着大镢、镰、绳子、筐、架筐等。

到了地边，父亲就开始安排活："她娘掐那犁谷穗，我和大牛、小虎掰棒槌。"

掐谷穗用的刻刀子呈半圆形，直面安着一木块当背，弧面是刃，很锋利。

母亲把刻刀子背靠在右手心，大拇指捏住里面，其他手指捏住外面，露出刀刃。母亲从地头开始，左手拢起面前的谷穗，攥紧秆部，刀子靠上去在下面轻轻一旋，这把谷穗就齐齐地割了下来，一弯腰放到脚下的筐里。母亲一边掐着向前走，小花一边踢踢踏踏拖着筐在旁边跟着。

棒槌地里，爷仁有挎筐的，有挎架筐的，每人顺着一沿向前掰。

▲ 葫芦雄花

棒槌的叶子绿中带黄，顶上的缨子已经枯干，成熟的棒子头上得意地撑开了白色的包皮，露出了金灿灿的笑脸。

父亲左胳膊挎着架筐，右手虎口向下紧紧握住一个圆鼓鼓的大棒槌，心里也一阵充实。只见他手腕用力向右一拧，"咔嚓"一声，棒槌带着一层软软的白皮就攥在了手里。

棒槌地里，小莢早已把肚子插入土里，正在紧张地生产。这个时候如果捉住小莢，她宁愿把自己的肚子断在地下，也不会把孩子带出来。

幸而这爷仨眼中只有棒槌，没有低头。

不一会儿，父亲的架筐就装满了。他回到地头，把棒槌倒进篓子里，又向地里走去。

太阳越来越高，一人多高的棒槌地里密不透风，汗水溻湿了每个人的褂子。长长的棒槌叶子如架起的层层刀阵，划在脖子上立显一道红杠，汗水渗进去，火辣辣地疼。

▲高粱地里的快乐生活

▲ 姑娘沐浴在傍晚的阳光里

谷子掐完了，棒槌掰完了，父亲让个头最高的大牛去掐秫秫穗，自己和小虎割豆子，让母亲收拾地头的绿豆、芝麻、豇豆等杂粮。

秫秫有一人多高，红红的穗子谦虚地低着头。大牛顺着杆把一棵秫秫弯下来，右手拿着刻刀子在最上面一节轻轻一旋，一个沉甸甸的穗子带着挺秆就落在了左手里。手一松，没有了穗子的秫秸"嗖"地一声弹向了半空。

割豆子这活并不好干，已经快要干了的豆荚又硬又锋利，一不小心就会扎破手。

父亲左手小心地从中间松松地抓住一把豆秸，右手伸出镰去，贴地皮向自己面前割来，顺势用镰勾着放到一边。

"哎哟！"一边的小虎突然尖叫了一声。

"扎着手了？"父亲放下镰走了过去，只见小虎的左手鲜血直流。

父亲从旁边掐了几片绿色的荬荬毛叶，小心地放在手心团了团，团软了后用力挤了挤，看到冒出绿汁了，让小虎伸过左手，先

▲ 荬荬毛

▲ 远眺

滴了几滴萋萋毛汁冲了冲，然后把一团已经揉烂的萋萋毛全部摁在伤口上："自己用右手摁着，一会不出血了继续干。"

小虎摁了一会，看到没有血再流出来，慢慢地拿开了萋萋毛团，发现伤口已经贴紧了，便继续小心地收割起来。

芝麻的叶子已经掉净，只剩下绿色有棱的秸，秸上紧贴着一个个鼓鼓的绿色芝麻荚。母亲把芝麻秸一棵棵割倒，小心地抱到场边晒起来。

一车车的棒槌、谷穗子、秫秫穗子、豆秸推到了场里，空旷的场院顿时拥挤起来。

"小花，你来赶鸡，别让它们吃了粮食。"母亲一边嘴里轰着，一边把手里的杆子递给了小花。

小鸡已经长大，母鸡开始下蛋。

"这么多粮食，让鸡吃点还要紧？"小花嘟起了嘴。

"这么多？净使用，人吃也不宽拓，你大大还得卖了换家什呢。让鸡到地里吃草、吃虫子就中。"母亲边说边到地里去了。

小花拿着杆子，围着场转，刚打飞了这边，鸡又一边"咯咯咯咯"叫着，一边从那边缩头缩脑地迈进来了，小花不一会儿就累得气喘吁吁。

"大黄，起来，帮我赶鸡。"看到已经长大的狗正卧在树荫下伸着长长的舌头，小花发话了。

狗通人性，大黄马上爬起来，跳跃着向鸡群扑去。鸡群一边"咯咯"大叫着，一边拼命扑棱着翅膀四散飞远了。

在随后的几天里，母亲领着小花在场院里翻晒粮食，用链杆打豆子。父亲则带着两个儿子用大镢或小镢去刨棒槌秸、秫秫秸、谷秸。刨倒后再打起捆，扛到场院边一列列地丛起来，像凛凛的军阵。

地里干净了，爷仨又用铁锨、叉子、大镢把地翻了起来。汗水不住地流下来，黑色的老棉布小褂湿了又干，干了又湿，在后背上留下了一圈圈白色的盐渍。

"小板，你看，咱们的孩子……"小荚指了指刚翻过的棒槌地，哭了起来。

小板顺着小荚指的方向看去，小荚生的卵孩已经被翻到了地面上，几只麻雀正"叽叽喳喳"地围着抢食。

"亲爱的，别伤心，我们还可以再生。我们不在庄稼地里生了，到草地上去。"小板一边安慰一边拉着小荚远去了，头也没有回。

蝈 蝈 的 故 事

第 五 章

你 知 道 的 故 事

时光悠悠，不知道过了多少年，你来到了这个世界，降生在这块土地上。

根据美国社会心理学家费斯汀格（Festinger）判断，生活中有10%是由发生在你身上的事情组成，而另外的90%则是由你对所发生的事情如何反应所决定。换句话说，生活中10%的事是必然发生的，你无法掌控，而另外的90%你可以掌控，这就是著名的"费斯汀格法则"。可见，如果你能理智地调控自己的行为，那么周围的环境会变得比较有序，如果你放任自己的行为，带来的后果也很可怕。

你记事的时候，这个地方叫新民官庄，是一个近200户人家的小村。其实你不知道，这里的人家从1户到2户，从2户到7户，人越聚越密，家越分越多。在你所说的清朝，官府开始管理这个地方，并取了名字——小官庄，民国的时候改名黄龙官庄，1949年后改为新民官庄。到现在，周围的人还是习惯叫小官庄，你不要认为是大庄的人看不起你们，其实是祖上一辈辈传下来的习惯叫法。很多祖上传下来的东西，比如一些方言土语，你现在可能已经看不懂了，但肯定是有源头的，不要轻易放弃。

▲ 看我像不像关公

人越来越多，地就越来越少。于是人们不停地挖沟排水，筑坝挡水，铲草翻地，种植庄稼。把我的孩子们逼到了沟边，逼上了河崖。

但我相信蚂蚱顽强的生存能力，只要有草的地方，就有我们的身影；我也相信蚂蚱强大的繁殖能力，只要有土的地方，就能产下我们的后代。

我生存了不知多少年的这片原野，已经彻底改变了模样，几乎全部变成了能种庄稼的土地。东边的红绣河、西边的韦家沟都筑起了高高的河崖，正南还横着一条东西向的小坝，连通了东河西河。在村的外面，还有一人高的围子墙。村庄被围子墙包着，土地被河崖圈着，你住在围子里。

村内一条条弯弯曲曲的沟将一个个大湾小湾串连在一起，又与村外的围子沟连通，围子沟的水流向通往红绣河的大沟。

下雨后，地里的水渗到一条条南北向的小沟里，小沟里的水流到地头一条条东西向的大沟里，一条条纵横交错的沟渠汇在一起，通过河崖下面的桥洞，流进红绣河，流进韦家沟。

那时候，你们不知道这么多水是从哪里来的，也不知道它们流到哪里去了，只盼着水能少点，夏天别涝了庄稼，淹了村庄。所以就动用人海战术，在冬天农闲的时候，不断地筑高河崖，裁直河道，只想让水早一点、快一点流走，根本不会想到，这遍地流淌、没完没了的水，会奔流到海不回头。

在你记事的时候，只有在东河和南小坝的拐角里面，名叫东南洼，还有几十亩地常年泡在瓜皮水里，只长茅草，没法种庄稼，总算是让你看到了最后一点荒原的影子。

奶 奶 与 蚂 蚱 草 药

你记事的时候，就感觉大大和娘让生产队的活忙得天天不见人影，是年迈的奶奶一直照看着你。

在你眼中，这是个颇具神秘感的老人，就像村中见多识广的大槐树。

奶奶高挑的身材，全身上下收拾得利利索索，头上盘的簪总是一丝不苟，尽管裹着小脚，走路却杠杠的，似乎正健步从古代穿越而来。

她闯过东北，见过世面，没上过学，却能背《三字经》《百家姓》，这在当时，属于大街上听不到的"四旧"声音。天天神神道道的，初一、十五再怎么忙，也要摆供烧纸。不杀生，蚂蚁上了炕也不拍死，而是轻轻捏起来从纸卷窗放到外面去。看到一棵秫秫秸折了，穗子耷拉到地了，她会擎起来，架到别的秫秫上去。

她在村里受人尊重，除了年龄大、辈分大以外，会叫吓着，会拿胳膊，会割蚂蚱草药也是重要原因。

那时候人们有个小毛病很少打针吃药，多数找偏方。

一个母亲背着一个男孩子找上门来："老嬷，你看看孩子这是咋，恹恹耷哈的，是不是吓着了？"

奶奶摸了摸孩子的额头，搭上手试了试脉，问："恶心不恶心？"

"恶心。"孩子有气无力地说，接着咳嗽起来，一副要吐的模样。

"吓着了，还是吓在脏地方了。"奶奶语气很肯定，"上哪去要来？"

"我在围子沟边耍，看到草里有一条绳子头，我一提溜，是一根长虫尾巴，吓死我了。"孩子的身体又开始哆嗦了。

"你先背着他回家，我后晌过去。"奶奶对孩子的母亲说。

吓着，老人说是吓掉魂了，人没有精神，光想睡觉，如果吓在脏地方，还伴有恶心。医生治不了，吃药也不管用。

叫吓着都是在晚上，夜深人静时分，很神秘，不让外人看见。不知道奶奶使了什么招，反正第二天那孩子又活蹦乱跳地在街上玩了。

你是不相信灵魂的，因为你看到一个人死了就是死了，躯壳不再有生命了，难道生命就没有别的生存状态吗？曾有外国科学家提出，宇宙有十维空间，只是人类感知不到四维以上的维度。你看不到的、听不到的，就不存在吗？比如量子纠缠现象，就不是你能用普通理论解释清楚的。我们蚂蚱的世界，你又了解多少？

你怎么知道，一个人在这个世界闭上了眼睛，不是在另一个世界又睁开了眼睛？

"哇哇哇，"又一个母亲领着一个大哭着的孩子进来了，边走还边打，"叫你作，叫你作！"

"你打他干什么？"奶奶不让了，"掉下胳膊来了？"奶奶一看孩子的左胳膊耷拉着，就明白了。

"坐在地上。"奶奶也盘腿坐在孩子面前的蒲团上。

奶奶左手拉着孩子的手腕，右手用力捏着孩子的肩肘，左手边转手腕边问："疼不疼？"

"不大疼。"孩子回答。

"今天在哪耍来？和谁一块……"奶奶开始分散孩子的注意力。

正当孩子回忆玩耍的情景时，奶奶暗暗地将孩子的左手腕攥住，右手摸准穴位，使出了浑身的力气扭去，随着"咔吧"一声响，孩子随即号啕大哭起来。

奶奶松开了孩子的胳膊，擦了擦额头上的汗，待孩子哭声小了，示意道："你用左手摸摸头。"

孩子一摸头，发现胳肢窝竟然不疼了，马上破涕为笑。

割蚂蚱草药，是你奶奶家的祖传秘方。

端午节一大早，她就会把你喊起来，让你到野外去采几种草，捉一对油蚂蚱，还特别嘱咐：采草的时候必须带着露水，油蚂蚱必须是正在交配的。

这两件事对你来说都不难，各种草遍地都是，只要奶奶说出名

▲ 生地黄

字或模样，你就能准确找到。蚂蚱随处可见，正在交配的蚂蚱飞不
起来，很好捉。

草和蚂蚱拿回家，奶奶就放在干净的纸上晒干，然后用蒜臼子
攒成面，放进一个小瓷壶里。

这个小瓷壶原先好像是烫酒壶，你奶奶也说不清什么年岁了，
嘴还破了一个口。平时用布做成的塞子盖着，谁受伤了就倒出一点
来，搽在伤口上，用布包好，伤口不流血，不结疤。肚子不舒服的
就着温水喝下，立马见好。那时候天冷，孩子们手上经常长紫红的
冻疮，皮肤肿得透明。只要找上门来，你奶奶就用一点珍贵的香油
调好药面，涂在冻疮上，很快就消肿了。

你奶奶可能不知道，油蚂蚱富含蛋白质、碳水化合物、昆虫激

素等活性物质，并含有维生素 A、维生素 B、维生素 C 和磷、钙、铁、锌、锰等微量元素，本身就是治病良药，有暖胃助阳，健脾消食，祛风止咳之功效。李时珍的《本草纲目》中记载，蝗虫单用或配伍使用能治疗多种疾病，如破伤风、小儿惊风、发热、平喘、疹胀、鸬鹚瘟、冻疮、气管炎和防止心脑血管疾病等。

但随后发生的一件事，让奶奶中止了自己的所有手艺，也没有再往下传。

有一天，你娘病了，心口窝疼，浑身没劲，"哎呀哎呀"地在炕上叫唤。

你大大没在家，奶奶无计可施："我叫南面你嫂子过来给你许着吧。"

许着就是许愿，你奶奶也会，但"自己的闺女跳不得神"，只能请同行。再就是你奶奶信神有点似是而非，不如她请的那个神婆子看上去信仰坚定、道业高。

到了晚上，那个神婆子如约而至，神情严肃，在屋里点上了蜡烛，烧上香，你奶奶又找出仅有的三个鸡蛋，做成荷包蛋，供在当屋门正中的桌子上。

那神婆子在桌前、炕前、院子里都点上烧纸，拿一把菜刀在烧纸火上烤了烤，然后口中念念有词地在屋里到处挥舞，最后在你娘头上挥了几下停住："好点了没？"

"好点了。"你娘有气无力地说。

"你心要诚，得坐起来。"奶奶看见神婆子脸色不太欢气，连忙过来把你娘扶起来。

你娘勉强倚着被坐住了。

"他嫂子，你吃累了，把这碗鸡蛋喝了吧。"奶奶早看出神婆子的眼老往供在桌子上的鸡蛋使劲，顺势端了过来。

神婆子刚要接，你大大从外面一步闯了进来。

"大弟兄回来了，我走了。"神婆子知道你大大是文化人，最讨厌装神弄鬼，低着头赶紧溜走了。

▲ 车前草

▲ 我要翻上来

"病了上医院，干什么这是？"果然，你大大一看就火了。

第二天下午，当你大大用自行车带着你娘回来的时候，你娘已经谈笑风生了。

"这是好了？"你娘在锅台前做晚饭的时候，你奶奶讪讪地进来搭腔。

"娘。"你大大在炕上喊上了，"以后别神神道道的了，那是迷信，现在谁还信，有病让他们找医生。你给人家吃蚂蚱药、拿胳膊、叫吓着都没有科学根据，出了事叫人赖着怎么办？"

一番话，说得你奶奶低头无语，半晌，才喃喃地说："我年纪大了，也拿不动胳膊了。"

从此以后，你奶奶再也没让你去拔药草，捉成对的油蚂蚱，她那个淡绿色的带缺口的小药壶也永远地在你的视野中消失了。

化 肥 农 药

小学放了暑假。一天下午，你正和小伙伴们在生产队场院里玩，忽然发现车把式赶着马车，车上满满当当地装着一个黑色的皮囊，"咣唧咣唧"地走了进来，后面紧跟着个头不高的小队长。

"小孩都隔着远一点！"嗓门很高的小队长老远就喊。

一股刺鼻的味道扑面而来。

"这是什么东西？"一个孩子捂着鼻子小心翼翼地问小队长。

"这是到公社里去拉的氨水，可厉害了，洒到身上能烧破你的皮！"小队长瞪着眼说。

"水能烧破皮？"一个胆大的孩子不相信。

"不信你过来试试？"小队长说着就要抓那孩子的胳膊。

孩子们一轰而散。

童心总是好奇的。第二天，你又约上小伙伴们去看看这能"烧人"的水到底是用来干什么的，却发现氨水已经被泄到大缸里，抬到了棒槌地头上，老远又飘来了那股刺鼻的味道。

小队长指挥着几个社员在地头忙活着，还有一些人在看稀罕，你的老师也在。只见一个耪锄上绑着一个陶罐，下面打了一个洞，装了一个开关。一个社员双手戴着护到胳膊肘的胶皮手套，用橡皮筒把氨水小心地倒进罐里，在后面扶耪锄的社员先打开罐上的开关，然后对前面赶牛的社员说："走吧。"

耪锄向前走的时候，氨水随着管子顺进了耪锄划出的小沟里，后面跟着一个社员用脚踩土盖严。

"这叫化学肥料，是跟着苏联学的，比那些土杂肥可管用多了。"老师向人们解释道。

"化学肥料？"人们第一次听到这个新名词，不禁一阵惊叹。

我们蚂蚱可受不了了。味道让我们窒息，氨水缸周围本来绿油油的青草也一片片发黄、枯死，孩子们逃得远远的。

氨水确实管用。几天之后，棒槌叶子就变成绿油油的，个头比

▲ 爱花的姑娘

没用过氨水的明显高了一截。

人们发现了化肥的好处：省事、见效快，不像土杂肥，又脏，又麻烦，还不能立竿见影。

于是，碳酸氢铵、碳酰胺（尿素）、过磷酸钙、磷酸二铵等各种功效的化肥一袋子又一袋子被无节制地倾倒进地里。

更多灾难接踵而来。

一天早晨，太阳还没出来，田野上空还笼罩着一层薄雾，棉花叶子上凝结着闪闪的露珠。

有几个社员穿戴得严严实实，戴着口罩，胸前挂着一个长铁桶向棉花地走来。

到了地头，他们间隔着一字排开，左手扶住铁桶，右手用力摇旁边的把手，随着"嗡嗡嗡"的声音响起，一团团白雾喷了出来，飘落在十几米远的棉花叶上。原来，你这是用"六六六"粉（化学名为六氯环己烷）趁着雾水打棉铃虫。

随后的几年，单人背负式喷雾器、三人肩抬式喷雾器相继上场，用玻璃瓶子盛着的"二二三乳剂""乐果""久效磷""滴滴涕""敌敌畏""甲基1605"等各种农药轮番上阵，大打消灭棉铃虫的人民战争。[二二三乳剂、滴滴涕的化学名为双对氯苯基三氯乙烷；乐果的化学名为 $0,0-$ 二甲基 $-S-$ （ $N-$ 甲基氨基甲酰甲基）二硫代磷酸酯；久效磷的化学名为 $0,0-$ 二甲基 $-2-$ 甲基氨基甲酰基 $-1-$ 甲基乙烯基磷酸酯；敌敌畏的化学名为 $0,0-$ 二甲基 $-0-(2,2-$ 二氯乙烯基）磷酸酯；甲基1605的化学名为 $0,0-$ 二甲基 $-0-(4-$ 硝基苯基）硫代磷酸酯]

这时候的沟里已经没有了流水，社员在下面打了许多小井子，用来勾兑农药，水里、沟里到处充满了农药的气味，破碎的玻璃瓶子散落在沟底。

我们只能再远离棉花地。

遭殃的不仅是蚂蚱。

中午的时候，社员都住作了，我看到几只麻雀探头探脑地钻进棉花地去找吃的，有的虫子被药晕了，正躺在地上打滚，被麻雀们毫不客气地吞了下去。

吃饱了的麻雀起飞不久，一只麻雀就歪歪斜斜地掉进了沟里。他还在"扑棱"时，草丛里一只饿了半天的蛇猛地窜了出来，一口吞了下去。

傍黑天的时候，这条蛇还是蜷曲在草丛里，但是一动也不动了。

有一天早晨，天刚蒙蒙亮，你睡的正香，忽然有人砸你家的后窗，接着听见你小伙伴压得低低的声音急急地说："东河里药鱼了，快去拾！"

你一个骨碌爬起来，睡眼朦胧地提上裤头，赤着脚跳下炕，从天井里找出一个小筐就跑了出去。

你赶到东河崖上一看，河里上下已经站满了大人小孩，都在忙着用手捉鱼。

生产队时生活困难，社员不过年不过节吃不起鱼，也割不起肉。于是有人就偷了生产队的农药，在头一天晚上偷偷洒到河的上游，第二天一早，药死的鱼就飘上来了。

谁药的鱼谁知道，他会暗暗告诉自己的亲朋好友一早摸黑去河里拾鱼。等别人看到的时候，天已经大亮了，大鱼往往让这些人拣走了。

你找人少的地方下到了河里。接着看到一条鲫鱼歪斜着身子在水里打转，你把筐放进水里一下捞了进去。你紧张地瞪着眼四处搜寻，只见一片茳菜里面露上一小片白，心怦怦跳着走过去，用手一捞，竟然是一条不小的鲤鱼，身子还是软的。旁边一条浮鱼直挺挺地躺在茳菜边，你过去用手一捏，已经很硬了，又很遗憾地扔回了水里。

太阳一竿子高的时候，水面已经干干净净，不再见有鱼飘上来。人们便挎着筐，或用柳枝穿着一长串各种鱼，浩浩荡荡地回村了。

村干部当然知道有人偷药药鱼，也睁一只眼，闭一只眼，有时甚至下到河里最早。

当然，河里被药死的不仅是鱼，其他水生动物，甚至水鸟都要跟着一起遭殃。

蚂 蚱 有 故 事

第六章

最 后 的 故 事

时光之箭，蜿蜒曲折，不知穿过了多少时空，无奈地钉在了我们离开的日子上。

初秋的深夜，站在红绣河崖上，我竖起长长的触须，向宇宙深处发出了召唤的信号。

不大一会儿，我的六个孩子：蹬倒山、梢末夹、呱哒板子、油蚂蚱、土蚂蚱、姑娘又像当年我决定住下一样，先后落在了我的身边。

"妈妈，这么多年了，叫我们又回这个地方，什么事？妈妈过得怎么样？"其他的孩子默默无语的时候，最小的姑娘开了腔。

"过得越来越不好。"我低沉地叹了一口气，"走，我还是带你们亲自看看吧。"

蹬腿、展翅，我们又翔在了空中。

▲小小少年

▲拍我干什么

▲新民官庄村中有五百多年历史的大槐树

　　村庄房屋密布，内外水泥道路纵横，沟、河皱纹四散，却不见一滴水，死气沉沉。

　　"看见村中那棵大槐树了吧？那是我们最先落脚的地方。"我缓缓地说。

　　"好大的树啊，四五个人也抱不过来吧？"呱哒板子赞叹道，"还是人厉害啊。"

　　"水呢？那么一大片水哪里去了？"蹬倒山看出了问题。

　　"我们刚来的时候，河是没有崖的，河流随着地势弯弯曲曲地自由流动。后来，人越来越多，地就不够种了，他们排水开荒，挖沟筑坝，把水通过沟渠先顺到河里，从河里再排到海里。为了加快排水，他们把原来的河道一条条裁弯、取直。他们认为这些水是取之不尽，用之不竭的，哪成想一去不还乡？"我咽了口唾沫，继续向孩子们解释，"于是他们向地下要水，开始的时候用铁锨向下挖一两米，水就冒上来了。后来他们又建了很多工厂，用水越来越多，水位慢慢下降。他们越来越狠，就用机器向下钻，钻到150米的时候，100米的井就没有水了，现在最深到了300米，200多米的井都没有水了。这些水，都是几千上万年才形成的，抽上来就不会再有了。"

　　"那以后他们怎么办？"梢末夹也变得忧心忡忡。

"我也不知道，你们看看远方吧，一片灯火通明，没有了白天黑夜，感觉不到四季变化，那是叫作城市的地方，这个村的人大多数都搬到那里去了。"我用翅膀指了指。

"全是人造的钢筋水泥丛林，一点生机也没有。"油蚂蚱不屑地撇了撇嘴。

现在的你是越来越懒了，我在心里叹了口气。你为了不用脚走路，用铁的甲壳虫拉着跑，偏偏又花钱去健身房乱蹦跶。为了不用到现场看真相，天天摁着个老鼠标，自从有了手机，更是把自己囚禁在了水泥屋子里。从高空看你们，一个个就像蜂巢中密密麻麻的蜂蛹，在自己格子间的电脑前频频地低头抬头，隔断了与大自然的联系，眼中看不到其他生命的存在。你把大片土地覆盖上水泥，变得寸草不生，又从大山深处不远千里挖来大树，割断根，砍去枝，放在公园里让她不死不活地苟延残喘。动物让你消灭得差不多了，剩下的几只关进笼子里成了符号。你把草地、灌木修剪得千篇一律，不允许任何一棵草冒出所谓的私心杂念，不允许任何一棵草按照她的意愿自由生长。你不去自然中实际求证，不去和生命进行心与心的对话，只是把他们当作研究对象，重复别人研究出的数字，作为你晋升的资本。你只管眼前，不考虑长远，在毁灭自己的道路上越走越快……

越想越烦。

"走，我们到地里去看一下。"我带头落了下去，一望无际，黑压压地全是玉米，单调而又森严。

"土怎么有股怪味啊？"土蚂蚱一沾到地就惊叫。

"草怎么也不香了呢？"咬了一口的姑娘也纳闷了。

"人们为了提高粮食产量，也为了省事，不再向地里施农家肥，而是不断地施加各种化肥。粮食眼下是越打越多了，地也越来越硬了，早就没有了生机和活力。年轻人都进城了，粮食生产实现了机械化，地里有了草没有人会锄，而是用除草剂一打了事。有的野草已经没了，地里、地头的孩子也没了，我们的敌人青蛙也没了，我

▲ 苫草上的油蚂蚱

们的邻居马蛇子（蜥蜴）、黄鼠狼、蛇都不见了，甚至连从前遍地的老鼠也成了稀罕物……"我说不下去了。

"人太自私了，光顾自己。这样折腾下去，他们也不会有好下场。"梢末夹嘟哝道。

"我们管不了人，还是管自己吧，孩子们怎么办？"蹬倒山发话了。

"我把他们全部聚集到河崖上了，走，回去看看。"我一蹬腿，飞了起来。

我们回到红绣河崖上，在一溜杨树林旁落了下来。

下面草丛中隐藏着已经所剩不多的孩子，他们的翅膀已经丰满，一个个睡得正香。

"今年不是旱年吗？孩子的数量怎么这么少？"油蚂蚱不相信地问。

"旱极而蝗，那是过去的老皇历了。这群孩子都是身体好，反应快的，东躲西藏才到了今天。"我不胜唏嘘。

"真是改天换地了。"蹬倒山感叹道。

"这个地方不能多待了。"我心里忽然有种不祥的预感，"等天明出了太阳，孩子们干了翅膀就走。"

"不用这么急吧？"姑娘对我急迫的心情不解。

"你们不知道，这几年不知道怎么出现了一个新物种叫美国白蛾，把树叶子全吃净了。人们拿他没办法，就用飞机洒药，专门顺着有树的地方飞。'城门失火，殃及池鱼'，前几天我看见飞机在村庄和公路上空飞过，估计河崖上这溜树林子也快了。"我的心情越发沉重。

　　"让孩子到哪里去呢？能长草的地方人们就开垦种庄稼，哪里没有化肥、农药？"呱哒板子一筹莫展。

　　"东边是大海，当然不能往东飞。当年我们是从西边来的，还是回到西方去吧。"蹬倒山思索着说。

　　"人为什么要和我们过不去？"油蚂蚱不能理解。

　　"人和我们不一样。我们只要吃饱了草，就与世无争了。人吃饱了饭，想管的事太多了。"我不想多说。

　　"发明了许多东西，他们也是为了吃饱饭、吃好饭罢了，这又有什么？"油蚂蚱仍然一脸不屑。

▲ 虎尾草上的散居型东亚飞蝗

我只能说实话："人活着，不仅仅为了吃饭，他们还想统治同类，统治世界，统治宇宙，现在他们已经在这条路上越走越远了。"

　　"他们能做到吗？"姑娘好奇地问。

　　"我也不知道。但侏罗纪时期，恐龙绝对是地球的统治者，哪种生命也约束不了，最后一场天灾结束了他的时代。神秘的大自然有无穷的力量，也有平衡各种生命的能力。各种生命之间是相互依存，共生共赢的关系，所以人应该学会尊重所有的生命，和周围的环境和谐共处，才能长久生存下去。" 3.7亿年来，对于各种生命的灭绝，我实在是见得太多了。

　　"人把移民火星的精力和钱，拿出来改善脚下的土地多好。"土蚂蚱对土地是情有独钟。

　　我没心情再讨论下去了。

　　太阳出来了，温度渐渐升高。

　　孩子们陆续醒来，有的正在抖掉翅膀上的露水，有的则准备进食。

▲歪着头的姑娘

▲ 红绣河堤

我抬头望了望天，碧空如洗，真是一个飞行的好日子，心情也随即轻松了许多。

突然，我发现远方出现了一个黑点，越来越大，越来越近，不一会儿就传来了恐怖的"隆隆"声。

"孩子们，快躲起来！"我的惊呼声未落，一只钢铁大鸟呼啸着从头顶掠过，一大团难闻的白色粉末夹杂着小颗粒从天而降。

孩子们猝不及防，药粉洒在他们湿漉漉的身体上，随即融化渗入了体内。

现场惨不忍睹。

有的孩子仰头向天，好像在问：这是为什么？有的孩子侧躺着，扑棱着翅膀，肚子痛苦地弯成了弓形；还有的趴在原地，压根没来得及挪动一下……

太阳升起很高了，草丛的露水早已干了，可没有一个孩子能够爬起来。

"妈妈，走吧。"姑娘眼里似乎噙满了泪水，求我了。

"到哪去呢？"我讷讷地说，大脑一片空白。

"回到我们原来的地方。"蹬倒山早已想好了。

"好吧。"看到原来的孩子们还围在身边，我又恢复了点元气。

我将前腿再一次弯曲着跪在这片熟悉而又陌生的土地上，后腿缓缓蹬地，身子猛地向前一跃，奋力地扑打开翅膀，飞向了空中。

我带着孩子们围绕着新民官庄这片被河流环抱的土地盘旋了三圈，然后毅然决然地向西飞去。

再见了，我看着长粗长高的大槐树；再见了，我看着膨胀又缩小了的村庄；再见了，我看着干涸了的沟渠、河流；再见了，我看着从长满草到只长庄稼的土地……

回望着渐渐消失了的那片土地，我在心底一遍遍呐喊：

救救蚂蚱！

救救孩子！

救救故乡！

▲ 故乡的蚂蚱

后　记

寻 找 与 感 悟

　　我的文章《蚂蚱没了，故乡病了》一文于2017年7月21日在《上上微览》公众号发出之后，每天的点击量都有一两万，28日中午已突破100000+，认识的、不认识的，天南海北的朋友纷纷转发、评论，红高粱传媒集团闻讯也派出记者对我进行了专访。一时间，蚂蚱，这种从前群体众多，司空见惯并不被人注意的昆虫，竟成了很多人茶余饭后的话题，形成了一股"蚂蚱热"，这让我始料未及。

　　说实话，这篇文章在我的众多文章中并不算最出色，但目前影响无疑是最大的一篇，是什么地方击中了人们内心隐藏的情感？恰在这时，湖北科学技术出版社的刘辉编辑辗转联系上了我，让我写"新昆虫记"系列中的"蚂蚱篇"，犹豫了一下，还是答应了下来。

　　之所以犹豫，是因为我高中上的是文科，大学学的是法律，与蚂蚱风马牛不相及。除了儿时的接触，知道故乡蚂蚱大体的种类之外，对他的生活习性等知之甚少，写一篇文章尚可，写一本书则力所不逮，但又佩服湖北科学技术出版社的选题，深感非常有意义，可以让热衷于追名逐利的我们静下心来体味来自大自然的温情。

　　转念又想，既然这么多人关心蚂蚱，我也有必要了解他的前世今生。这个在地球上已经生活了3亿多年，曾经是昆虫大家族中最庞大的群体。"蝗灾"，也曾被列为的几大灾害之一，为什么在短短一二十年的时间，几乎被灭绝？我们又即将为此付出怎样的代价？

带着一系列的疑问和好奇，我开始了在书本和大自然中的探寻之旅。

我知道到农村、庄稼地里寻找蚂蚱已不可能，和刘辉编辑初步达成意向之后，我迫不及待下到了离家不远的胶河里。

胶河是高密的母亲河，流经高密东部，两岸水土丰美，人杰地灵，2012年诺贝尔文学奖获得者莫言先生就诞生在河边。从前河面宽阔，鹭飞鱼翔，现在连续三年大旱，河水早已断流，河底变成了茫茫草原。

我原认为，胶河里不会有农药，两岸树不多，飞机洒药打美国白蛾也不会是重点，所以蚂蚱应该遍地都是。

然而，悉心搜寻了半天，我却失望了。

8月，正值最热的三伏，下午没有一丝风，胶河底草高及腰，如同蒸笼一般，汗水顺脸直向下淌，不一会儿衣服就湿透了。我全然不顾，弯腰在草丛间细细搜寻。开始还是像小时候一样，用脚扫一下，希望能看到蚂蚱蹦出。然而，草停止摇晃之后，

▲蓼花滩上弄（单秋芳作）

▲ 专心拍摄

仍然是静悄悄的。我不甘心，又找了一根干树枝，更大范围的拨拉。一下午的时间，仅发现了一只"梢末夹"，一只"油蚂蚱"，一只"土蚂蚱"，从前不是主流的"姑娘"倒有一些，也不是随处可见，"蹬倒山"则一直没见踪影。

我不死心，又在早晨和上午不同的时间三下胶河，结果依然。

我的高中同学刘学锋家住峡山水库旁边，提供信息说水库里面蚂蚱成群。峡山水库是山东省最大的水库，水面面积144平方千米，有"平原明珠"之美誉，以前白浪拍岸，碧波万顷，犹如沧海。今年亦因天旱的缘故，已变成山东最大的草原。"旱极而蝗"，草原里蚂蚱成群，是非常合乎情理的。

第一次，我和朋友一起，开车奔赴四十多千米外的峡山水库。在我的想象中，蚂蚱应该到处都是，所以径直沿着早已被车压出的土路，把车开进了水库里面。不时，我们会停下来，或在芦苇丛中，或在莎草丛中，或在狗尾巴草丛中等不同的环境中寻

▲ 蚂蚱在哪里

找。然而，车子已经开进去几千米了，道路已经被两边的蒿草遮掩，我们仍一无所获，只得失望而归。

我不甘心。第二次，我拉上了向导刘学锋，我们都信心满满。刘学锋边打电话询问，边指挥车子向草原深处开去。由于刚下过雨，道路泥泞难行，几千米后便无法前进。我们又下车步行，然而四周草天茫茫，很快就迷失了方向，天地间只有我们三人渺小的身影在荒草丛中时隐时现地徘徊，无法找到别人指点的地方。幸运的是，我们准备往回撤的时候，在水库一角发现了蚂蚱活动的身影，尽管不多，总算没有空手而归。

眼看着时令立了秋，又过了白露，我的心随着渐起的北风慢慢紧了起来。谁都知道"秋后的蚂蚱，蹦跶不了几天"这句谚语，难道我要与她错过季节吗？

天不负我。

9月9日，外出送女儿上大学的刘学锋依然牵挂着我的蚂蚱。在赴大连途中，他用微信给我发来了蚂蚱漫天飞舞的视频，并附上说明：峡山水库上水，蚂蚱被赶到了坝外的玉米地里，已经成灾，快去！

　　第二天五点半，天刚亮，我就与妻子起了床，驱车向百里外的目的地赶去。

　　老天可能故意捉弄我。出了城，天就下起了小雨，我的心也沉了下来：下雨天是不可能找到蚂蚱的。但我们没有停止前进，好在走到半路，雨停了。

　　上了水库大坝直行再左拐，又下了大坝，几经打听，来到一片玉米地边，这个地方已经属于昌邑市地界。只见地头上已经停了不少当地村民的三轮车、摩托车，还有城里来的轿车。

　　进了地，看到别人在躬着腰、低着头忙活，我却没看到想像中蚂蚱四飞的情景。一个老汉指点我："蚂蚱在地上，蹲下才能看到。"

　　我连忙钻进玉米地，蹲着在叶子下穿行，仔细寻找，果然发现一只土黄色的蚂蚱在地上趴着，一动不动。我连忙顺过相机，"唰唰唰"，从各个角度对着这只蚂蚱一阵狂拍。

　　"快来，这里还有一个！"妻子也在一边兴奋地大叫。

　　蚂蚱越来越多。有的形单影只，有的三五成群，有的趴在玉米根上，有的紧抱着早已变成黑色的小麦茬子，有的上到了玉米叶上。可能是早晨下过小雨的缘故，他们都静静地趴着，并不飞翔。在我的镜头前，他们有的低头，有的发呆，有的卖萌，还有一对在互相抱着，好像刚睡醒的小两口……我的心忽然变得柔软，甚至有些感动，好像面前的蚂蚱已经不是害虫，而是可爱的小精灵。

　　也有的蚂蚱肚子已经发红并且弯曲起来，歪躺在地上一动不动，应该是已经完成了产卵的使命，走到了生命的尽头。

　　"你们怎么不快抓蚂蚱？"旁边一个中年男人走了过来，手里的袋子鼓鼓囊囊的，估计有好几斤蚂蚱。

　　"我们只拍不捉。"妻子回答说。

▲ 四条屏（单秋芳作）

"蚂蚱怎么还不飞？"我想看看他们漫天飞舞的景象。

"太阳出来以后，小飞机一洒药，把他们就惊起来了。"那个中年男人回答。

我望了望阴沉沉的天空，只能恋恋不舍地返程了。

我寻找蚂蚱的故事感动了很多人，亲戚朋友们都留意拍摄蚂蚱照片，一张张传给我。我的同事刘白鸽家住微山湖的一个小岛，在她印象中，蚂蚱还不遍地都是？周末兴致勃勃地回家找蚂蚱，却是失望而归，但已经给她上了一堂深刻的自然环境课。

邹平法院的李学勤来济南公干，话题又很快转移到蚂蚱身上，她兴奋地说："邹平的山上有蚂蚱，我们去找。"周末，她又招呼了贺茂臣、李迎春、程鸿雁、商艳丽等好友，携带两部相机，在城北的平原水库，在城南的雪花下，果然拍到了不少蚂蚱，有的还是我没见过的新品种。

我留意观察了一下，邹平地势起伏，有大小一百多个山头，地里除了玉米、地瓜、谷子等庄稼，还有成片的苹果树、梨树、杏树、桃树、柿树、无花果等果树，生物多样性比平原地区丰富得多，估计这也是蚂蚱存活的重要因素。

因为蚂蚱方面的专业知识太缺乏，我不得不查阅大量的资料。然而让我遗憾的是，绝大部分书籍讲的都是如何消灭蝗虫或养殖蝗虫，带有强烈的功利色彩。国内没发现一本书，是把蚂蚱当作一个平等的生命，用心对话的，或者有，但我没看到。所以我在书中，所有的生命都用他，而没用"低人一等"的它。

当时我还想，这本书即使写不成，已经得到了社会这么多人对蚂蚱、对自然、对环境的关注，目的已经达到了。

人，不能仅为自己活着，还要为他人活着，为社会活着，为大自然活着；人不能仅为眼前活着，还要为远方活着，为未来活着。人，仅仅是大自然的一个有机组成部分，绝不是统治者。想到80后、90后的孩子，绝大多数生活在水泥高楼林立的城市，路边是人工修剪的整齐划一的花草，不要说蚂蚱，怕是野草的名字也叫不上来几种。于是，寻找与蚂蚱相关的野草，也纳入了我的视线。

开始是从蚂蚱喜欢吃的马唐草、谷莠子着手，却发现叫不上名字来的野草实在是太多了，也有的小时候喊过他们的名字，现在早已忘记了。

任何生命，来到这个世界上，自然有他生存的理由和法则，只是我们忙于自己的生存而不去关注。所有的生命，不敢说比人类崇高，但既然被安排了在同一个大自然中，就应该是平等的，我们没有理由俯视他们。我们应该用心感悟他们的存在，感受他们生命的温度，体会他们成长的节奏，发现他们和周围环境相互依存又相互制约的平衡关系。

为了能叫出每一棵野草的名字，我专门下载了手机软件。每每看到路边有不知名的野草，就凑上前去，蹲下仔细端详，找准角度，拍摄下来，和软件库中已有的档案对比，每对比成功一个，都非常高兴，就像面对自己的孩子。但有时软件库会给你几个选择项，可能是因为拍摄角度的关系，也可能是有的草实在是太相似了。这时就要上电脑百度，反复比对花、叶、形的特点，最终确定。

野草往往是混杂在一起生长，为了突出主角的形象，就要反复观察，麻烦周围的草闪一闪空，让一让位置，找准最能体现主角自身特质的地方。有时在一个地方拍到了一棵野草，在另一个地方又发现了形态更好的，继续拍摄，进行替换，直到满意为止。

拍摄时最讨厌的是一种黑蚊子，当你聚精会神的时候，他已落在了你的胳膊或者脚上。等你从草丛里退出来的时候，身上已经是一个又一个红包，挠心地疼。

有一次，正走在立交桥上，忽然发现桥底下的树丛中有一棵非常面熟的草，在众人诧异的目光下，我毫不犹豫地钻了过去。收拾干净他身边的落叶，感觉模样清秀了许多。当然，拍摄出来，身上又是几个红包。一个朋友和我开玩笑："你现在见了花不急了，看

▲拉拉藤

▲馨风（单秋芳作）

了野草倒往前凑乎。"

渐渐地，我路过的地方，叫不上名字来的野草越来越少了。

人类自诩是大自然的主宰，其实上天赋予了我们和其他生命同样的本能：那就是依靠大自然才能生存，我们的生产工具、生活用具、食品、药材等都能在大自然中找到。绝大多数野草对人都有清热解毒的功效，也不是无缘无故的，因为热和毒是我们最常见的发病原因。我们凭借自己的智慧，取之于自然，用之于自身，在十几万年中，做到了和蚂蚱、野草及周围的环境和谐相处。

中国人民解放军总医院（301医院）中药主管药师马凤彩先生在野草、中药材研究方面造诣颇深，对我所拍摄的野草及其功用进行了精心校订。

为了让人们心中不仅仅装着化学、农药、转基因，还要有依靠自然，利用自然，回报自然的意识和技巧，书中特意加入了荒原生存的故事，似乎离蚂蚱有些远。其实大自然的血脉都是息息相通的，在中国几千年的农耕时代，蚂蚱一直生活在人们身边，并没有妨碍

▲ 岔路口

我们创造出灿烂的文明。

为了还原人类以前利用自然的生存技巧，我询问了很多老人，特别是我那76岁的母亲，给我解疑释惑最多。她尽管不识字，但善于观察，记忆力强，描述准确、形象，在一次次的记录中，让我一次次赞叹先人奇思妙想的智慧，有的甚至让我感觉不可思议，因为即使用现代的高科技手段也未必能做到。

时间紧张，知识浅薄，缺点错误在所难免，这或许是别的写书者的自谦之词，但对我而言，却是实实在在的。两个月的时间，熟悉并写出一个未曾涉足的领域，难度可想而知。有几次，因为突破不了瓶颈，我心中偶有放弃的念头，就像在泰山十八盘上，已经精疲力竭，玉皇顶却依然隐藏在远方的云雾缭绕之中。但想到出版社编辑们的信任，亲朋好友们的支持和期待，我毅然在人生的字典里划掉了"退缩"二字。

很可惜，随着社会的发展和科技的进步，我们越来越懒于动手、动腿和动脑，退化成了寄生虫。不，我们还不是寄生在别的生物身上，而是寄生在钱眼里，只能叫"寄钱虫"。这是智慧的迷失，文明的中断。

　　如果说，古人因为生产力低下，记载手段所限，或天灾人祸导致文明密码失传，那么已经处在现代化的我们，眼睁睁地看着过去人与自然和谐相处的智慧正在消失而无所作为，是不是愧对子孙后代？九泉之下，我们有脸去见先人吗？

　　蚂蚱没了，有的生命已经消失或正在消失，我们正离草长莺飞、小河炊烟的故乡越来越远。

　　我们是从大自然中进化而来的，现在自然界中的生命，无论是动物还是植物，历史都比我们久远得多。我们的血液里，流淌着与大自然不可分割的遗传基因。人是由一个细胞不断分裂而来，只不过我们用10个月的时间走完了地球上生命35亿年的进化史，这是人类的伟大之处。但是，我们仍然离不开水和盐，因为远古生命诞生于海洋。为什么我们见到了大海就不由自主地兴奋，人人都有下水的冲动？为什么我们走进丛林会倍感亲切，人人想体验一下拥抱大树给内心带来的踏实？因为海洋是生命的母亲，丛林是我们的家。我们的眼泪为什么是咸的？因为那是来自灵魂深处的提醒。所以，人造的水泥森林不应该是我们的最终归宿。

▲ 人与自然

人类企图改变自然，实际在毁坏自然，最终会被大自然的愤怒毁灭。

回过头来吧，人们，回到你已经居住了几十万年的家园，这里的生命久远而智慧，把身心融入进去，与大自然和谐共处，相伴到永远。

本书在写作过程中，参阅了国内、国外及网上的相关资料和图片，在此无法一一列明出处，谨向所有奔波在大地上关心生命的人士致敬！

感谢山东省高级人民法院刑事审判第一庭谢萍庭长及全庭同志对我工作的理解和支持，感谢高密市女画家协会主席单秋芳女士的精美插图。在本书写作的关键时期，青岛翔宇国际文化传媒有限公司章海容总经理在海边为我提供了幽静的写作环境，并让我意外地在面向大海的草丛里拍到了蚂蚱。感谢老家小学杨娟校长在百忙之中对本书进行了精心校对。感谢所有关注我、关注这本书的人，请你们今后继续关注蚂蚱，关注生命，关注我们的家园！

请允许我代表地球上所有的生命向所有尊重生命的人士致敬！

2017年10月16日于泉城东荷苑